JN098943

そうだったのか！身のまわりの流れ

井口 学／植田 芳昭／植村 知正 編著
加藤 健司／脇本 辰郎／荒賀 浩一／中嶋 智也 著

電気書院

はじめに

空気(気体)や水(液体)を流体という．気体と液体は小さな力が働いても大きな変形をするので，固体と区別するためにまとめて流体と名付けられた．流体の変形する様子が流れである．我々は母の胎内では羊水という液体の流れの中に，この世に生を受けてからは空気の流れの中に身を置いている．流れはこのように非常に身近な存在でありながらわかっていないことが実に多い．大きな要因の一つは，以下に示すような水や空気の透明性にある．

我々の祖先は，ほかの動物と同様に，生きていくために食料を採取し，敵や危険から身を守らなければならなかった．その際に必要なことは，できるだけ広い範囲にわたって食料や敵に関する正確な情報を短時間に得ることであった．情報は視覚，聴覚，臭覚，触覚，味覚という，いわゆる五感によって得られる．周知のように，我々にとって情報の得られる距離は味覚，触覚，臭覚，聴覚，視覚の順に長くなっている．視覚が最も重要な役割を演じているのは，我々を取り巻いている空気や水が透明であって，食料や敵が識別しやすいためである．もし空気や水が不透明であれば，視覚による情報量は極端に減少して，暗闇の中で超音波を利用して情報を得るコウモリやマッコウクジラのように聴覚が優位に立ったであろう．

空気や水が透明であることによる恩恵は非常に大きいが，不都合もある．例えば，空気中にいると食料や敵は見えても空気そのものは見えない．もちろん，空気の流れ(風)も見えないので，台風のときなど，妖怪“かまいたち(鎌鼬)”ではないが，身のまわりに高速で危険な風があっても認知することの難しい場合がある．このように，流れの理解を難しくしている一因は空気や水の透明性にある．そこで，見えない流れの様子を把握するために最初に考えだされたのが，流れの中に煙や小さな固体粒子などのトレーサー（微量添加物質）を混入して流れを見えるようにする可視化（かしか）の方法である．その後，流体の速度や圧力などを測定することによって流れを捕らえようとする実験流体力学やコンピュータを用いて流れを支配する方程式を解く数値流体力学が急速に発展してきた．なお，流体力学では，流れているときの流体の性質だけでなく，静止状態の性質や流体中の物体の動きなども研究対象としている．その結果，流れについては多くのことがわかってきたが，激しく乱れている流れ（乱流）や気体，液体，固体が入り混じっている流れ（混相流）などについてはまだ十分理解されているとは言い難い．

本書では，身のまわりの生物，工学，スポーツなどの分野などで見られる興味深い流れや気象現象について，今までに得られた流体力学の知識に基づいて平易に解説を行った．詳しく知りたい方は，各トピックス末尾の文献欄に掲げた専門書を参照されたい．

目　次

導入編

基礎編

発展編

流体にはどんなものがあるの？

そもそも「流体」とはどのようなものでしょうか？
「流」とついているので，液体のことでしょうか？

小さな力を加えても非常に大きな変形をする物質のことだよ．気体と液体が流体に含まれるよ．

さらに解説

物質には温度によって固体，液体，気体という３種類の相が現れる．例えば，水で考えてみよう．水（Water）を冷やしていくと，温度が０℃になれば氷（Ice）になり，逆に温めていって温度が100℃になると沸騰して水蒸気（Vapor）になる．氷は固体（Solid），水は液体（Liquid），水蒸気は気体（Gas）である．我々の身のまわりにある空気も気体である．

図１に示すような注射器のシリンジ（注射筒）に固体である氷，液体である水，気体である空気を入れ，プランジャ（注射桿あるいは押子）を押して筒先から押し出す場合を考える．なお，水を入れた注射器を冷蔵庫の製氷室へ入れておけば注射器の中に氷をつくることができる．氷を押し出そうとは誰も思わないが，水や空気の場合については思い出があると思う．水を押し出す場合の注射器を大きくすれば水鉄砲になることは周知のとおりである．氷を入れたときには大人の力でも押し出すことは難しく，無理やり押すと注射器が壊れてしまう．ところが，水や空気の場合には小さな子供の力でも可能である．また，水や空気はシリンジ内に吸いこむことも容易である．

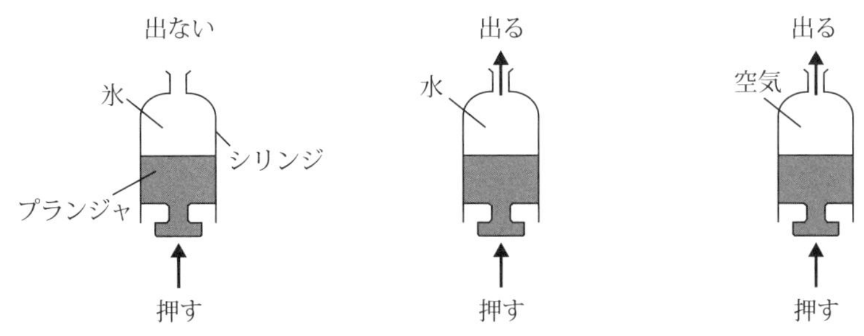

図1　流体の変形のしやすさ（氷，水，空気で押す力は同じ）

注射器がなくても同じことを実感できる．例えば，冷蔵庫の製氷室でつくった小さな直方体の氷をテーブルの上に置き，表面に親指を押し当ててみよう．我々の親指の力では，氷はびくともしないはずである．ところが，コップに水を入れておいて，水面から親指を押し当てるとほとんど抵抗なく親指は水の中へ入っていき，水は容易に形を変える．親指に加える力は非常に小さくてすむ．逆に言えば，水は小さな力で非常に大きな変形をする．

このように，非常に小さい力によって大きな変形をする気体と液体をまとめて流体（Fluid）と呼んでいる．固体の変形には弾性（だんせい）変形と塑性（そせい）変形の２種類がある．固体に力を加えて変形させたとき，力を除くと元の状態に戻る場合にはその変形を弾性変形，戻らない場合には塑性変形という．固体に働く力がある値（弾性限界）よりも小さいと弾性変形を，大きいと塑性変形をする．弾性変形の場合，変形量は力に比例し，力を除くと元の形に戻る．塑性変形の場合には，元の形に戻らない．例えば，バネを手で引っ張ったとき，加えた力が弾性限界よりも小さければバネは弾性変形をし，手を放すとバネは元の長さに戻るが，弾性限界よりも大きな力で引っ張ると塑性変形が生じて手を放しても元の長さに戻らないことはよく知られている．バネの伸びた量が変形量である．図２に示すように，弾性限界内でバネにかかる力Fが1 N(ニュートン)のときの変形量は4 cmであるが，Fを2倍，3倍にすると変形量は2倍(8 cm)，3倍(12 cm)になる．すなわち，固体では加える力が小さいときには変形量は力に比例する．このことから，固体は流体とは区別される．ただし，1 Nとは，質量1 kgの物体に1 m/s^{2}の加速度を生じさせる力である．地上の重力加速度は$g=9.8$ m/s^{2}であるから，質量1 kgの物体には9.8 Nの力が働き，地球の中心へ向かって引っ張られている．念のため重力加速度について説明しておく．地上でりんごのような物体を落としたとき，物体の落下速度は時間とともに速くなる．重力加速度とは落下速度が単位時間(例えば1秒間)当たりにどれだけ速くなるかを示す量である．

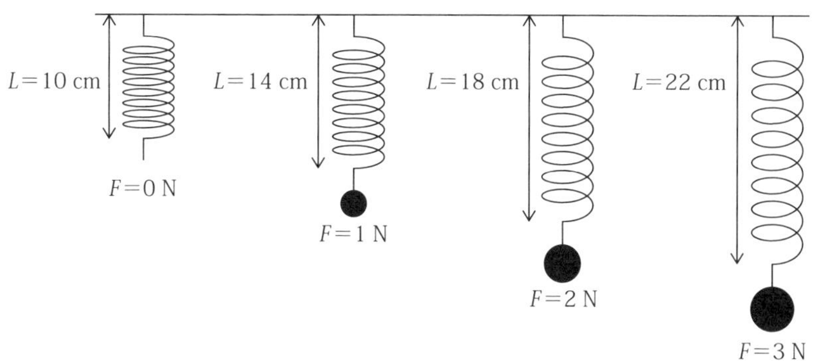

図2　バネにかかる力と変形量の関係

さて，「水は方円(ほうえん)の器(うつわ)に随(したが)う」ということわざがある．中国の詩人，白居易の詩に由来している．「方円」の「方」は四角い，「円」は丸いという意味である．小学校で正方形や長方形について習ったとき，「方」が四角いという意味であることを教わったと思う．水はどのような形の器に入れても抵抗なく入る．すなわち，水は器によって形を変え，四角にも丸くもなる．このことから，上記のことわざの意味するところは，人はつき合う人や環境によって良くも悪くもなるという例えである．なお，「方」と「円」は古墳の一種である前方後円墳にも見出すことができる．

■ 流体の性質

流体について語るとき，密度，圧縮性および粘性を忘れてはならない．これらについて次に述べる．

(1) 密度（Density）

密度とは単位体積当たりの質量であり，記号はギリシャ文字の ρ（ローと読む）で表す．流体の体積を V [m^3]，質量を M [kg] とすれば，密度 ρ [kg/m^3] は次式で表される．

$$\rho = \frac{M}{V} \quad [\mathrm{kg/m^3}] \tag{1}$$

ここで，体積を V，質量を M で表すのは，それぞれ体積と質量を英語表記したときの Volume と Mass の頭文字をとっているからである．なお，ある物理量の単位を表すときには括弧 [　] で囲って表示する約束になっている．

一般に，流体の密度は圧力（Pressure）を一定にしておいて温度（Temperature）を高くすると小さくなり，温度を一定にしておいて圧力を高くすると大きくなる．圧力 p [Pa] とは力 F [N] を力に垂直な面の面積 A [m^2] で除した量，すなわち単位面積当たりに働く力（F/A）である．圧力を表す単位の Pa はパスカルと読む．1 Pa＝1 N/m^2 である．

ところで，身近な流体である水の密度は温度に関しては特殊な性質をもっているので，注意を要する．例えば，圧力が 1 気圧の水の密度は 4 ℃（厳密には 3.98 ℃）のときが最も大きく 1000 kg/m^3 である．1 気圧（101.3×10^3 Pa）というのは，我々が生活をしている地上の大気の圧力である．地上は上空にある空気の重さで押されていることに留意してほしい．水の密度は温度が 4 ℃よりも高くなると，ほかの液体と同じように 1000 kg/m^3 よりもわずかに小さくなる．ところが，温度が 4 ℃よりも低くなると，1000 kg/m^3 よりも大きくなることはなく，逆に小さくなる．「基礎編 5」で述べるように，水の有するこの性質は湖沼の水棲生物にとって非常に大きな意味をもつ．気体はすべて温度の上昇につれて密度は小さくなる．

密度には分子間の距離が大きく関与しており，距離が大きいほど密度は小さい[1)]．このことから，気体の密度は液体の密度に比べて非常に小さいことがわかる．例えば圧力が 1 気圧，温度が 30 ℃の水の密度は 996 kg/m^3 であるが，空気の密度は 1.17 kg/m^3 であり，水の密度の 1/851 しかない．

水の密度は注射器を用いると測定することができる．注射器のプランジャを押しこみ，水が入っていない状態で質量，すなわち注射器の質量 M_1 [kg] を測っておき，体積 V の水を吸いこんで質量 M_2 [kg] を測ると図 3 のように，水の質量 M_w [kg] は両者の差として次式で与えられる．

$$M_w = M_2 - M_1 \tag{2}$$

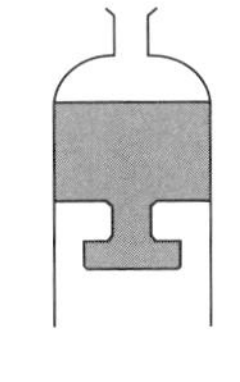

(a)　吸いこむ前

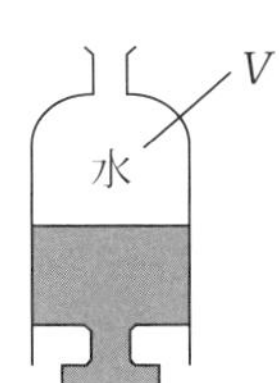

(b)　吸いこんだ後

図 3　水の密度測定

注射器内の水の密度 ρ_{w} [kg/m^3] はそれぞれ次式で計算できる．

$$\rho_{\mathrm{w}} = \frac{M_{\mathrm{w}}}{V} \tag{3}$$

ただし，この方法では空気の密度を測ることは難しい．注射器内の空気が軽すぎて空気の質量 M_{a} [kg] を精度よく測定できないからである．

(2) 圧縮性（Compressibility）

注射器を用いて圧縮性について説明してみよう．図 4 に示すように，注射器の筒先にキャップをして出口をふさぎ，水や空気が注射器から出ることのないようにしてプランジャを押してみよう．水の場合には，力を入れてもプランジャはほとんど動かないが，空気の場合には容易に動き，シリンジ内の空気の体積 V は小さくなる．すなわち，水は縮みにくいが，空気は縮みやすいことがわかる．逆に，プランジャを引いたときにも水の場合にはプランジャはほとんど動かないが，空気の場合には容易に動き，空気は膨張する．このように，流体が圧縮・膨張する性質を圧縮性という．気体よりも液体の方が圧縮されにくいのは，液体の分子間の結合力の方が強いためである．分子間の距離が小さいほど結合力は強い．なお，固体にも圧縮性はある．

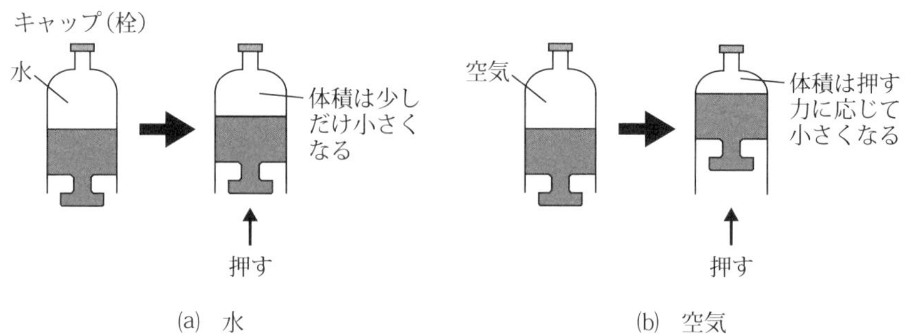

図 4　液体の圧縮性（水と空気で押す力は同じ）

水が圧縮されにくいといっても深い海の底近くでは大きな圧力が働くので，水は圧縮されて体積はかなり小さくなる．上平の論文[1)]によれば，もし水がまったく縮まなければ，すなわち圧縮性がなければ，海面は現在よりも 40 m も高くなり，地球の全陸地の 5 %が海中に没してしまうという．

圧縮性は音の伝播（でんぱ）速度，すなわち音が物質中を伝わる速度 c [m/s] と密接な関係があり，分子間の距離が小さいほど音は速く伝わる．逆に言えば，圧縮されやすいほど音の伝播速度は小さくなる．中学生のときに空気中の音の伝播速度 c はおよそ 340 m/s であることを習ったと思う．そのとき，雷が近いか遠いかを判断する方法についての説明がなされたであろう．例えば，ピカッと光ってからゴロゴロという音が聞こえるまでに 1 秒もかからない場合，雷は 340 m よりも近く，自分のまわりで落雷の恐れがあるが，5 秒もあれば距離は約 1700 m であり，自分の近くで落雷の起こる心配はまずない．それでは，水中の音の伝播速度はどれほどあろうか．分子間の距離から考えて，水の方が伝播速度は大きいはずである．c の値はおよそ 1500 m/s である．ちなみに，固体中でも音は伝わり，鉄製の棒を伝わる音の速度 c はおよそ 5000 m/s であり，音は水中よりも速く伝わる．

コウモリやイルカは超音波（Ultrasonic wave）を出して虫や魚などの対象物に当て，反射してくる超音波を解析して虫や魚などの動きを察知し，捕らえている．もちろん障害物を避けるためにも超音波を発している．これをエコロケーション（Echolocation：こだまによる位置決め）と名づけている．Echo はこだま，location は位置である．上記のように，音は水中の方が空気中よりも 5 倍ほど速く伝わるので，海中にいるイルカの方がコウモリよりも位置決めの精度は良いことになる．音の伝わる速度が遅いと，その間に獲物はどこかへ行ってしまう可能性が大きいからである．なお，淡水に棲むイルカに揚子江のヨウスコウカワイルカがいるが，絶滅の危機に瀕している．揚子江が汚染されて大小様々な砂や多くの不純物が水中に含まれるようになり，超音波の進路を砂や不純物が邪魔をして餌をとりにくくなったことが理由の一つと考えられる．アマゾンは汚染されていないので，ピンク色をした体長2.5 m のアマゾンカワイルカは大丈夫のようである[2)]．

(3) 粘性（Viscosity）

粘性とは流体を動かそうとすれば抵抗する性質のことである．著者の子供の頃には，重油が入っているドラム缶のある光景がよくあった．重油の中に棒を挿しこみ，かき混ぜて遊んだことがあった．相当力を入れないと棒は動かなかったが，同じ棒を水の中では容易に動かすことができた．このように流体の中に棒を入れて動かそうとすれば抵抗力が生じるが，抵抗力が大きいほど流体は粘いという．最近，ドラム缶は見当たらないので，皆さんは台所にある常温の食用油と水の中に箸を入れて動かし，試してほしい．あるいは，注射器に水と食用油を入れて押し出してみてもよい．水よりも粘い食用油の方が押し出しにくいはずである．

粘りの程度を表すために，粘度という量を用いる．単位は[Pa･s]と示す．なお，読み方はパスカルセコンドである．

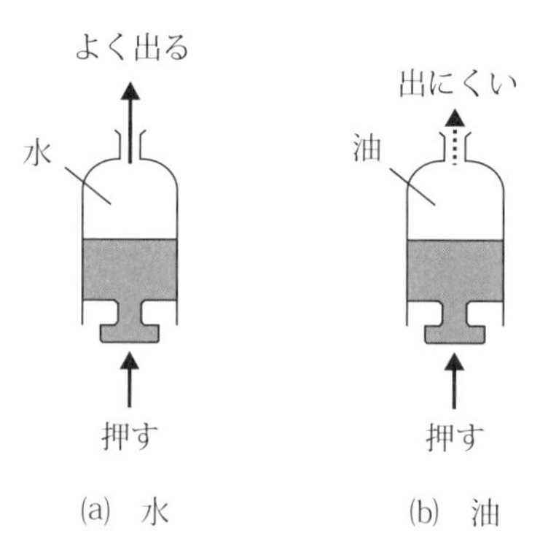

図 5　流体の粘性（水と油で押す力は同じ）

粘度は流体の温度によって大きく変化するが，液体と気体では傾向は逆になる．液体の場合，分子間の結合力が温度の上昇につれて弱くなるため，液体は動きやすくなる．すなわち，温度上昇につれて粘度は小さくなる．気体の場合には，温度が上昇すると分子間の衝突が激しくなり，気体はかえって動きにくくなる．すなわち，粘度は大きくなる．

参考文献

1）上平恒：水の物性と構造（〈特集〉水：この不思議で普遍的な液体），化学と教育，43-8，（1995），pp.494-500.

2）NHK　BSP　ワイルドライフ　南米アマゾンに発見！　秘密の泉に怪魚が集う（2022.01.17 放送分）．

流れの種類にはどんなものがあるの？

流れにはどのような種類があるのでしょうか？

単相流，混相流，定常流，非定常流などがあるよ．

さらに解説

これらの流れの特徴を以下に述べる．

■ 単相流（Single phase flow）

気体または液体だけの流れを単相流という．例えば，扇風機で起こされた風は空気（気体）の単相流，水道管内の流れは水（液体）の単相流である．なお，水と油の入り混じった流れは二成分系単相流（Two-component single phase flow）という．

■ 混相流（Multiphase flow）

気体，液体，固体が入り混じった流れを混相流というが，次のような種類がある．ただし，研究分野によっては多相流と呼んでいることがあるので留意されたい．

(1) 気体と液体：気液二相流（Gas-liquid two-phase flow）

例えば，マイクロバブル風呂の浴槽内の流れは多くの小さな気泡（気体）と湯（液体）からなる気液二相流である．滝壺には水中に巻きこまれた気泡が白くなって見えるが，滝つぼ内の流れも水と空気の気液二相流である．

⑵ 気体と固体：固気二相流（Gas-solid two-phase flow）

掃除機で多くの砂を吸いこんだとき，筒の中の流れは空気（気体）と砂（固体）からなる固気二相流である．砂嵐や黄砂を含む風も固気二相流に分類される．

⑶ 液体と固体：固液二相流（Liquid-solid two-phase flow）

海水浴に行って波打ち際を覗いてみると，波によって多くの砂がゆらゆら動いている．これは漂砂（ひょうさ）を伴う固液二相流である．

⑷ 気体，液体および固体：固気液三相流（Gas-liquid-solid three-phase flow）

台風のときの川には，水の中に土砂（固体）や多くの気泡（気体）が巻きこまれている．このような洪水のときの川の流れは固気液三相流である．

鉛直円管内気液二相流（水平面に垂直な方向に置かれた円管内を気体と液体が混じり合った状態で流れる）について，気体流量を大きくした場合の流動様式の変化を模式的に図１に示す．図１(a)，(e)はそれぞれ液体と気体の単相流である．

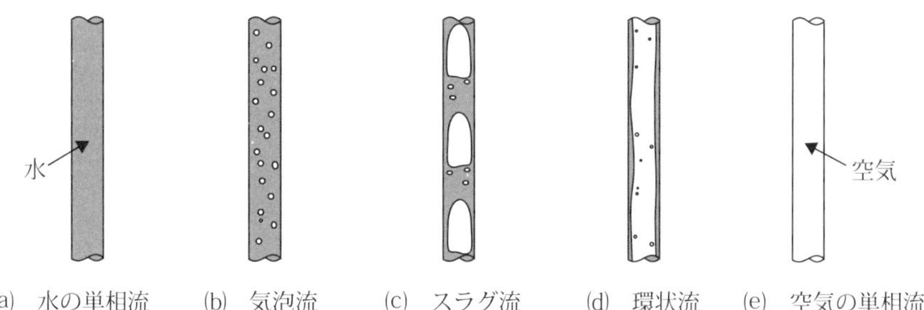

図１ 鉛直円管内を上昇する単相流と気液二相流の例

■ 定常流（Steady flow）と非定常流（Unsteady flow）

流れの中のある位置に着目したときに，速度と圧力が時間的に変化しない流れを定常流，変化する流れを非定常流という．例えば，水道の栓を開いて水を流すときを思い出してみよう． 栓を開けるにつれて水の流量は増していくが，開けるのを止めてからしばらくすると水の流量は一定になる．水の流量が一定になってからの流れが定常流であり，それ以前の流れが非定常流である．我々の血管内の流れもほぼ１秒周期で速くなったり遅くなったりしているので，非定常流である．

■ 圧縮性流体（Compressible fluid）と非圧縮性流体（Incompressible fluid）

実在の流体（気体と液体）は圧縮性を有しているので圧縮性流体と呼ばれる．ただし，気体の遅い流れや液体の流れでは圧縮性を無視して解析を行っても，近似的に流れの特性を把握することができる場合が多い．そこで，圧縮性がないものとした仮想的な流体を非圧縮性流体という．

■ 流体が規則正しく運動している流れと不規則な運動の流れ

流れの速度が小さいときには流体が秩序正しく運動するが，ある速度よりも大きくなると流体は無秩序な運動をするようになる．前者を層流，後者を乱流と呼んでいる．例えば，仏壇の線香の煙は，最初はまっすぐに上昇する（層流）が，やがて揺らぎ始めて複雑な動きをする（乱流）ようになる．

水の流れはどうやって見るの？

無色透明な水や空気の流れ．そのような流れの様子はどのようにして見るのですか？

空気や水のような無色透明な流体の流れを見えるように（可視化）する方法には，実験的に行う方法と数値シミュレーションによって行う方法があるよ．実験によって可視化する場合，流体中に非常に微小な粒子群（粉末や煙や微細気泡など）を混入し，その粒子群の移動する様子から把握するんだよ．数値シミュレーションによって可視化する場合，流れを支配する方程式をモデル化し数値的に求めることができるよ．

さらに解説

質点の運動は，ニュートンの運動方程式によって記述されるが，流体の運動はナビエ・ストークス方程式といわれる式で記述される．残念ながら，この方程式は限られた条件の下でしか厳密に解くことはできない．そこで，流れの様子を把握するために実験（Experimental Fluid Dynamics：EFD）や，コンピュータを用いた数値流体力学シミュレーション（Computational Fluid Dynamics：CFD）が行われる．ここでは，そのような流れの可視化手法について紹介しよう[1)]．

■ 実験による可視化

流体の流れを実験的に把握するのが難しい点は，空気や水のように流体は透明であるということにある．実験で流れを調べるとき，まずは乱れの少ないきれいに整った流れをつくり出すことが必要になる．それでは，流れの可視化の方法について，具体的に紹介していくことにしよう．

(1) 風洞実験

図１は開口型吹き出し風洞と呼ばれるもので，風洞によって滑らかに整流された流れが開口部から大気中に吹き出される方式である．透明な流れの可視化には，測定物体の表面に貼りつけた細い毛糸の動きや，たばこや線香の煙の様子から流れを把握する．また，ピトー管や熱線風速計と呼ばれる器具を用いて流れの流速を測定したり，力変換器を用いて模型が受ける抵抗や揚力を測定したりすることもできる．

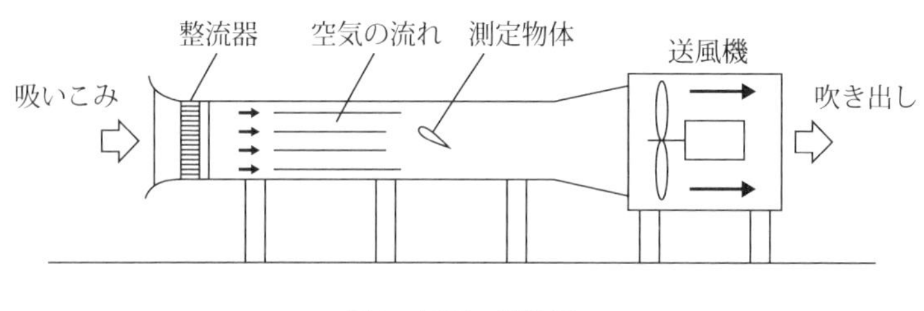

図１　風洞の概略図

(2) 水槽実験

水の流れを調べるには水槽実験を行う．水槽実験でも，風洞実験と同じように，無色透明な水の流れを可視化する必要がある．水槽実験での流れの様子を簡単に可視化するものとして，インク，食紅，ミルク，墨汁などがある（図２）．それら以外にも，アルミの微小な粉末や，水を電気分解してできる微小な水素の気泡などをトレーサとして用いれば，より詳細な流れの様子を把握することができる（図３）．最近では，トレーサ粒子として水と非常に近い密度をもつ球形のマイクロ粒子を用いて，その粒子の動きから流れの速度を定量的に計測する方法（粒子画像流速計：PIV，粒子追跡流速計：PTV）も考案されている（図４）．

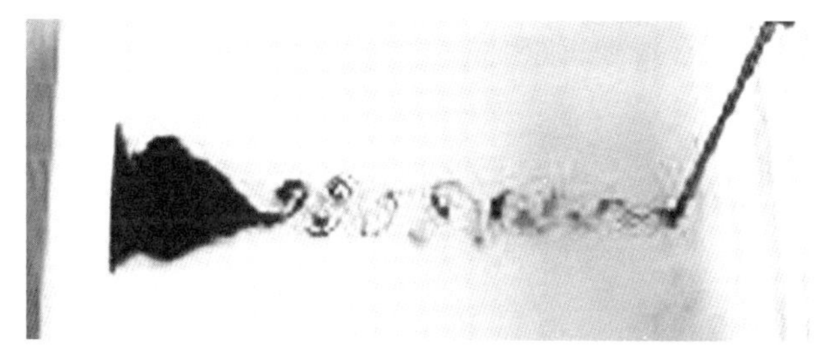

図 2　墨汁によるカルマン渦列の可視化 [2)]

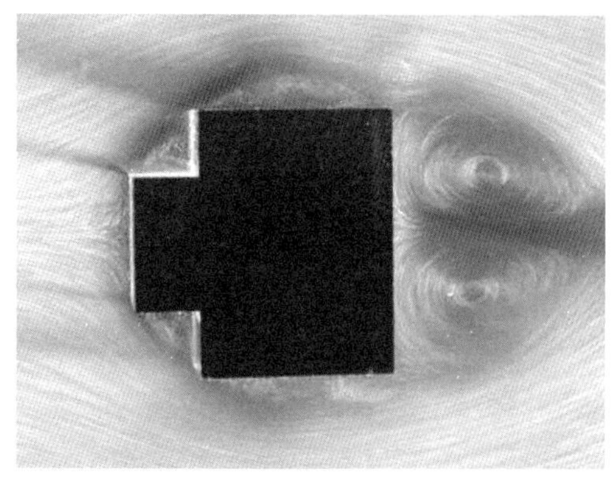

図 3　アルミ粉末法による切り落とし正方形柱後流の可視化写真 [3)]

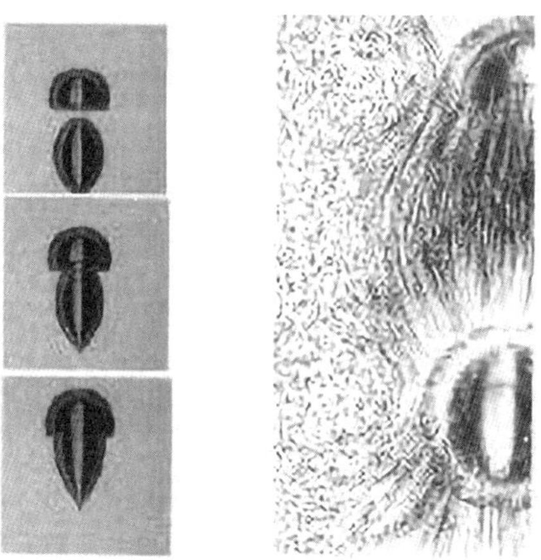

図 4　上昇する 2 個の気泡が合体する瞬間の可視化写真と PTV 計測結果

■ 数値流体力学シミュレーション（CFD）による可視化

質点系の力学は，ニュートンの３法則で記述することができる．流体の力学は，ナビエ・ストークス（Navier-Stokes）方程式によって記述される．この方程式はナビエとストークスによって1800年代初頭から中頃にかけて導出された歴史的に古いものであるにもかかわらず，非常に難解で現在に至っても，ある限られた条件の下でしか解くことができない．2021年現在，ナビエ・ストークス方程式の数理的解決は懸賞金問題となっている[4)]．そこで，ナビエ・ストークス方程式をコンピュータを用いて数値的に近似して解こうという試みが数値流体力学シミュレーション（CFD）である．数値流体力学シミュレーションといっても，ナビエ・ストークス方程式を直接数値計算する方法から流体の物理的現象を数値モデルとして考慮した方法など，様々な手法が提案されている．最近では，ナビエ・ストークス方程式を有限体積法という手法でシミュレートする無償ソフト（例えば，OpenFOAM[5)]）も登場しており，流体現象の数値シミュレーションが非常に身近なものとなってきた．

参考文献

１）浅沼強：流れの可視化ハンドブック，朝倉書店，（1977）．

２）地球学実験教科書作成グループ（監修：前川寛和，編集：桑原希世子・柵山徹也）地球学実験，大阪公立大学出版会，（2023）．

３）Ueda，Y.，Kurata，M.，Kida，T. & Iguchi，M.：“Visualization of flow past a square prism with cut-corners at the front-edge,” Journal of Visualization，vol.12，（2009），pp.383-391.

４）Clay Mathematics Institute：http://www.claymath.org/millennium-problems/navier%E2%80%93stokes-equation（閲覧日：2021年12月25日）．

５）Open ∇ FOAM©：https://www.openfoam.com/（閲覧日：2021年12月25日）．

新幹線はなぜ先がとがっているの？

新幹線の先はなぜあんなにとがった形をしているのでしょうか？　何か理由があるのでしょうか？

それは空気抵抗を減らすためとトンネル進入時の騒音を減らすためだよ．

さらに解説

新幹線は街中を走っている，いわゆる在来線とはその走行速度が大きく異なる．例えば，一般的な在来線の走行速度は最高で時速 100 km 程度であるが，新幹線は時代や車体にもよるが，およそ時速 300 km 以上と非常に高速で走行する．そのため，車体に作用する空気の抵抗は在来線に比べて非常に大きなものとなる．仮に時速 100 km の在来線と 300 km の新幹線の空気抵抗をその速度のみを基準として比べた場合，速度は 3 倍であるが，空気抵抗は速度の 2 乗に比例するので，新幹線には在来線の 9 倍の空気抵抗が作用することになる．新幹線が速く走るためには，いかに空気抵抗を小さくするかがカギとなる．新幹線では空気抵抗を低減するために様々な工夫がされている．そのなかの一つが，車体形状だ．新幹線は在来線に比べて先端がとがった形状をしている．まるで飛行機のような先端をしている車両もある．これは，先頭車両にあたる空気をいかにきれいに後ろに流すか，または，最後尾の車両から流れていく空気をいかにきれいに後ろに逃がすかを考えられた形状である．皆さんも空気の気持ち？になって考えてみよう．前から在来線のような角張った電車が来るときと，新幹線のような先端がとがった形状の電車が来るときではどちらがスムーズに逃げられるだろうか？　皆さんの想像通り，とがった先端形状の方が，空気はスムーズに流れる．さらに，列車の後ろの形状はどうだろうか？　後ろの形は角張っていても，とがっていても対して変わらないだろうか？　そんなことはない．やはり，滑らかにとがった形状の方が空気抵抗は小さくなる．皆さんもそういうイメージで電車を見てみると，形状の理由が理解できるのではと思う．さらに，新幹線が在来線と大きく違う点がほかにもある．それは走行する場所に着目しよう．在来線は市街地を縫うように走行することが多いが，新幹線はできる限り直線で走るために，山間部を直線的に走ることが多い．そのため，トンネルの区間が在来線に比べて多くなっている．山陽新幹線の場合，走行距離のおよそ50 %がトンネルの中を走行していることになる．トンネルがどうしたの？という話だが，実は高速の新幹線などがトンネルを通過する際には，微気圧波と呼ばれる空気を圧縮した際に生じる衝撃波が発生し，その衝撃波によって，騒音が発生する[1)]．この音はトンネル付近で生活している人々からすれば非常に不快な音なので，たかが音，と無視することは決してできない．また，動物などの生態にも影響を及ぼしかねない．したがって，新幹線は単に空気抵抗を減らすだけではなく，トンネル走行にも適した車体形状にする必要がある．それを考えてつくられた新幹線が500系や700系以降の新幹線で，特に図1に示すような新幹線700系の先頭車両の形状が，低く平べったくとがっていることから，まるで動物の「カモノハシ」に似たような形状ということで，700系車両はカモノハシとよく呼ばれている．ちなみに，カモノハシのイラストを図2に示す．

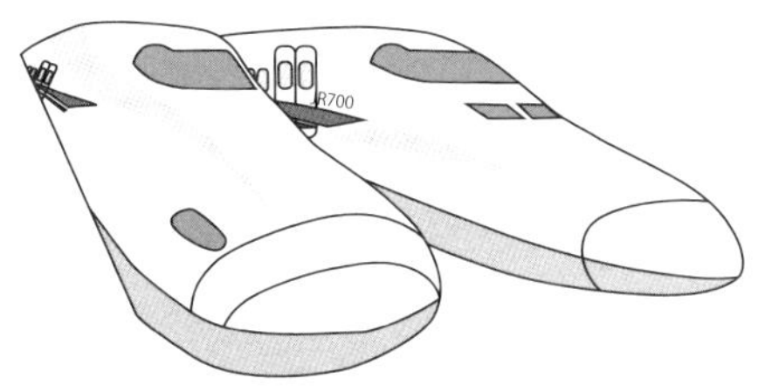

図1　新幹線先頭形状
（右が 700 系，左は N700A 系車両）

図2　カモノハシ

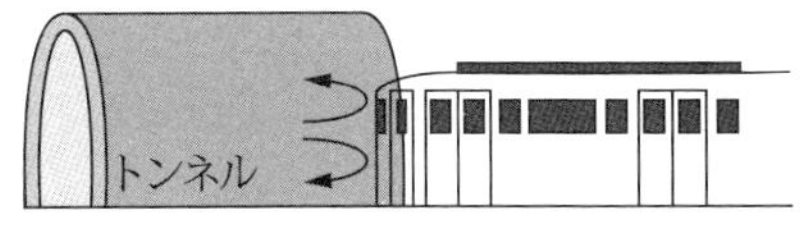

(a)　在来線

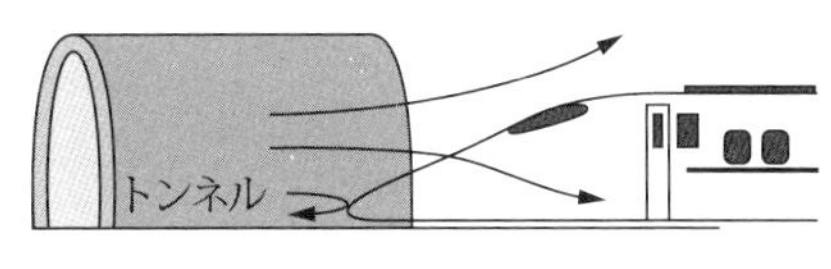

(b)　新幹線

図3　電車がトンネルに進入するときの流れのイメージ

このくちばし辺りの形状をイメージして図1の新幹線700系車両の先端形状は設計されている．正確にはエアロストリーム形状と呼ばれるこの形状はトンネルでの空気の流れをスムーズにすることによって，トンネル進入時の騒音（衝撃音）を抑える効果がある．これは図3に示すトンネル進入時の電車の模式図で比較するとよくわかると思う．在来線のような角張った形状の列車が高速でトンネルに侵入した場合，図3(a)のように，電車によって押し返されたトンネル内の空気は電車の前方で圧縮されて出口に向かって急激に進んでいく．ちょうど，筒でつくられた空気鉄砲をイメージしてもらえればわかりやすい．空気鉄砲は弾が打ち出される瞬間にポンと音が鳴る．これと同様のことがトンネルでも発生する．電車で押しのけられた空気がトンネル内で微気圧波と呼ばれる衝撃波を発生させ，その衝撃によって出口付近でドンという衝撃音が発生する．この衝撃音は「トンネルドン」などと呼ばれることもあるようだ．さらに，この微気圧波の圧力は速度の３乗に比例するといわれており，高速化が進む新幹線においては，この微気圧対策は非常に重要な課題となっている．一方で，図３(b)に示すような，カモノハシ形状の新幹線の場合，トンネル内の空気をきれいに外に逃がしながら新幹線がトンネル内に進入することによって上述の微気圧波の発生を効果的に抑えており，その結果，トンネル進入時の衝撃音を低減させることができる．さらに，近年の新幹線では，流体解析の進化によってより効果的な形状を設計することが可能となってきており，このような形状（エアロストリーム形状）をさらに進化させたN700系のエアロダブルウィング形状や，N700S系のデュアル　スプリーム　ウイング形状[2)]といった新たな形状の車両も登場してきている．

このように新幹線の形状には空気抵抗低減，空気の流れを制御するアイデアがたくさん詰まっている．皆さんも新幹線に乗る際や，駅で新幹線を見た際には，自分自身が空気になったつもり？で，流れをイメージしてみよう．そうするともっといいアイデアが生まれて，それが皆さんの生活をもっと快適にできるような，よりよい高性能列車を生みだすきっかけになるかもしれない．

参考文献

1）松尾一泰・青木俊之：新幹線トンネルの低周波音，騒音制御，Vol.23, NO.5，（1999），pp.339-343.

2）JR東海ホームページ：N700Sのデザインについて, https://jr-central.co.jp/news/release/_pdf/000034313.pdf.

【関連トピックス】

基礎編２，基礎編３，基礎編14，発展編１

サメの肌はなぜザラザラしているの？

Q サメの肌ってザラザラしていると聞くけど，なぜ，ザラザラしているのでしょうか？　速く泳ぐためには，ツルツルしている方が良いと思いますが，いかがでしょうか？

A それは不思議に思うかもしれないけど，ザラザラしたサメの肌の方がツルツルした肌より，速く泳げるからなんだよ．

さらに解説

一般に物体のまわりを流体が流れる場合，必ず抵抗が生じる．この抵抗はいろいろな条件で変化するが，その条件の一つに，流れが層流か，乱流か，という流れの状態がある．層流とは，乱流とは，ということを厳密に示すことは難しいのであるが，簡単なイメージとして，流体がスムーズに流れる状態を層流状態，流体が不規則に乱れながら流れる状態を乱流状態と考えてみよう．また，一般に同じ流れの条件では，流速が小さい場合には層流，流速が大きくなると乱流になる．当然ながら，乱流では流れが乱れているので，層流に比べて流動時に生じる抵抗が大きくなる．この乱流発生のメカニズムだが，物体表面近く，例えば，魚の場合でいうと，魚の体表近くの領域から発生する小さな渦が徐々に大きくなり，流れ場全体に広がることで大きな乱れとなり，その結果，乱流状態に至ることがわかっている．もう少し細かく述べると，いくら高速で泳ぐ魚といえども体表近くの流体の速度は魚体の速度に近く，魚体に対する相対速度は極めて小さい．この遅く流れている層は層流状態で流れており，このことを粘性底層という．また，粘性底層付近の流体は極めて遅く流れているが，物体から距離が遠くなるにしたがって，速度はどんどん速くなっていく．そのような流れ場において，粘性底層の少し外側の領域において，流速の小さい流体のかたまりが，物体からやや離れた速度が速い流体の中に流入したり，逆に，速度の速い流体が壁近くの速度の遅い流体に流入したりすることで，流れの中に渦が生じる．その生じた渦が流れ方向にも伸ばされ，成長しながらやがて流れ場全体に広がることで流れは乱流へと変わっていく．したがって，物体表面近くの層における渦構造の発生や成長を抑制することができれば，流れの状態を変化させ，しいては，乱れを抑制することができることになる．乱れを抑制することができれば，結果として流動時に生じる抵抗を低減することができる．

これを踏まえて，サメの肌を考えてみよう．サメを拡大して見てみると，表面には進行方向（流れ方向）に微細な溝が多数ある．図１にサメの肌の一例を示す．このサメの肌のような微細な規則的な流れ方向の溝を工学的にはリブレットと呼ぶ[1)]．サメの肌がザラザラする正体はこの微細な溝，言いかえれば微細な突起である．流体現象に少し詳しい方からすれば，一般的な話として，表面に粗さがある物体は摩擦抵抗が増えるので，流動時に生じる抵抗も増えるとわかる．例えば，各種配管内の錆びや船の船体まわりに付着した貝などは，摩擦抵抗を増加させる．簡単な例として競泳水着

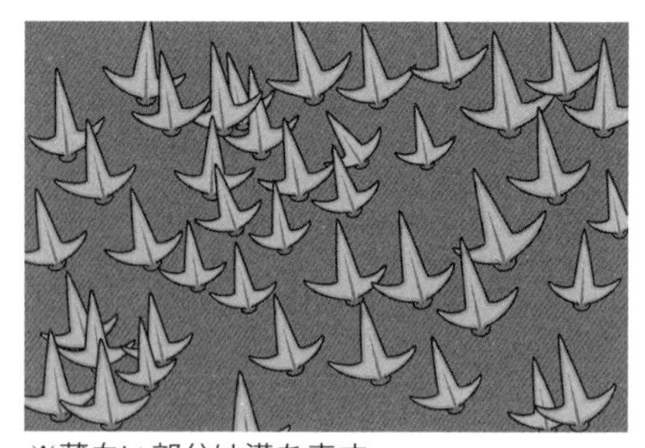

※薄白い部分は溝を表す．

図１　サメの肌の例（拡大図）

を挙げると，現在のように流れの制御に物体表面形状を積極的に利用しようという考え方が普及する以前の競泳水着では，いかに水着の表面を滑らかに仕上げるか，というのが常識的な考え方であり，事実，その方向で技術開発が行われていた．その時代では，リブレットのような水着表面の突起は抵抗が増大すると考えられていたので，基本的には水着は縫い目をなくし，滑らかに仕上げるというのが競泳水着のセオリーであった．しかし，実際には事情が異なっていたようである．このリブレットの“粗さ”によって摩擦抵抗はたしかに増加するが，それ以上に，リブレットによって流れの乱れの構造が変化すること，すなわち，乱れの増幅を抑制することによって，物体全体としての流動抵抗を減少させる効果があることがわかった[2)]．もう少し細かい話をすると，リブレットは図2に示すような流れ方向の規則的な溝であるが，これが，流れ方向に引き伸ばされる渦の増幅を抑制したり，また，渦をスムーズに流したりすることによって，流れの乱流化が抑えられるといわれている．再度，水着の例に戻すと，2000年のシドニーオリンピックでこのリブレット技術を応用した水着が開発され，実際に多くの世界記録が生まれる一因となった．近年では，この技術は微細な溝を物体表面に張り付けるという比較的容易な方法で，最大で10 %近くもの摩擦抵抗を低減できる技術であることが有名となり，その簡便さから工業分野でもいろいろと応

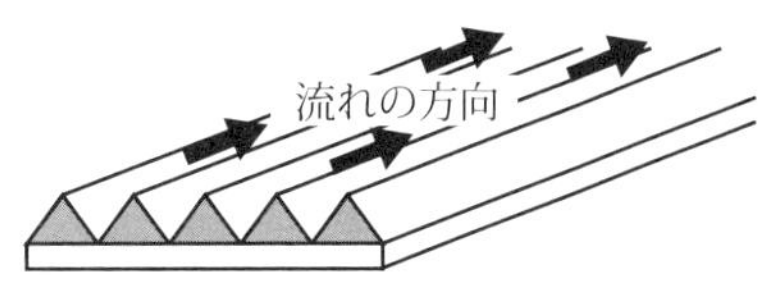

図2　リブレットの模式図

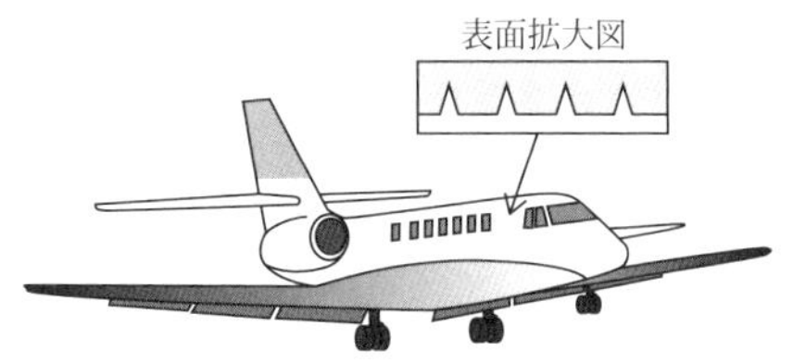

図3　リブレットの応用例

用されている．例えば，宇宙航空研究開発機構（JAXA）が，航空機の燃費向上技術として図3に示すような，機体表面にリブレットを設け，航空機の摩擦抵抗を低減させる研究も行っている[3),4)]．また，このような技術は，サメの肌という生物の体からヒントを得て工業に応用された技術である．これはバイオミメティクス（生物模倣技術）といわれている．ほかにも，例えば，容器において，ヨーグルトが貼りつかない蓋（ふた）がある．これはハスの葉の微細突起を応用しているといわれている．

サメは知ってか知らずか，自らの体にこのようなハイテクな技術要素を備えている．皆さまも日ごろから何気なく目にする，また，何気なく触れる機会の多い生物から，何かピンとひらめくことができれば，それが現在の社会を180°変えるような技術革新につながる可能性がある．ぜひ，チャレンジしてみよう．

参考文献

1） 田中博人：遊泳生物のリブレット構造の流体摩擦力低減効果と模倣，ながれ，Vol.40，No.4，（2021），pp.279-284.
2） 丹羽氏輝：競泳水着用低水抵抗性素材，成形加工，Vol.13，NO.5，（2001），pp.285-287.
3） JAXA ホームページ：航空機の表面摩擦抵抗低減，https://www.aero.jaxa.jp/spsite/rensai/column/21.html.
4） 小野明人，懸田隆史：燃費改善，CO_2 排出量削減を実現する，航空機向けリブレット技術の開発，Nikon Research Report Vol.5，（2023）.

【関連トピックス】

基礎編3，基礎編14，発展編1，発展編17

マグロが速く泳げる理由はなぜなの？

マグロってなぜあんなに速く泳げるのでしょうか？　体が大きいのにすごいなぁ！

マグロの形状自体もその理由だけど，トムズ効果といわれる現象が影響しているといわれているよ．

さらに解説

マグロは海中を時速 80 km で泳ぐといわれている[1)]．これがいかに速い速度か理解できますか？　人間が泳ぐ速度はいくらかというと，オリンピック選手クラスでおよそ時速 8 km 程度である．なんと人間の 10 倍の速さでマグロは泳いでいることになる．「魚だから当然だよね」と思うかもしれない．では，人間がどれくらいの速度で陸上を走れるかというと，これもオリンピック選手クラスで時速 40 km ほどである．マグロは抵抗が空気中に比べて極めて大きな水中でも，余裕で人間を抜き去る．やはり人間が走り？で勝てる相手ではない．では，マグロの遊泳速度の速さはどこから生まれてきているのでしょうか？　皆さんも学校のプールの授業などで一度は水中を歩いたことがあると思う．どうでしたか？　スムーズに歩けましたか？　ほとんどの方は歩きにくかったと推測する．もちろん，浮力の影響でうまく歩きにくいということもあるが，その歩きにくさの正体は水の抵抗である．一般に同じ速度で動いた場合，空気中に比べて水中ではその抵抗は 800 倍以上になる．このような非常に大きな抵抗が生じる水中をマグロはスイスイと高速で泳いでいる．それを可能とする第一の要因は形状が関連する．マグロは図１のように，先端がややずんぐりしており，後端に向けて徐々に細くなっていくという，いわゆる流線型と呼ばれる形状をしている．空気中や水中を物体が動く際には，この流線型が最も抵抗が小さいといわれている．旅客機も基本的にはこの形状をしている．流線型がなぜ速く泳げるかというと，図２に示す流れで説明してみよう．図に示すように，流線型の場合には前から来た水の流れが，

図１　クロマグロの外観

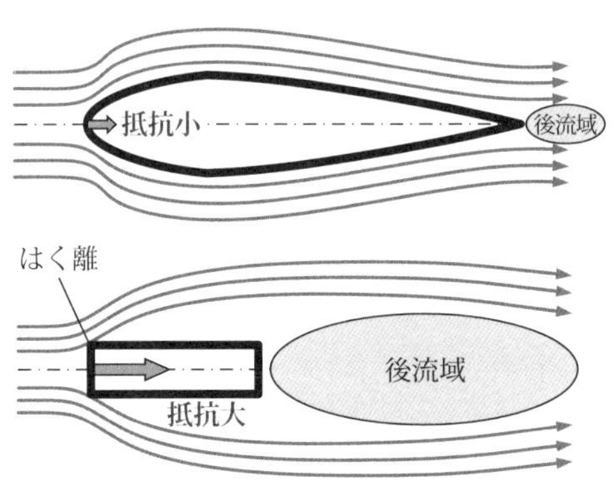

図２　流線型や四角形の物体まわりの流れのイメージ

きれいに後ろまで流れるからである．一方，図２に示すような矩形（四角形）の魚がいるとする．この場合，前から来た水の流れが角の部分で形状に沿って流れることができず，流れは物体からはがれてしまう．これをはく離という．このように大きなはく離が生じると，水の流れは物体の後ろへきれいに流れることができない．物体の後ろの水がきれいに流れられない領域のことを後流域という．一般に，この領域が大きいほど，物体に作用する抵抗が大きくなる．したがって，矩形の魚は抵抗が大きく，まともに泳ぐこともできない．逆に，流線型の形状は後流域がとても小さく，流動抵抗も小さくなるので，速く泳ぐには必要不可欠な形状といえる．

マグロの速さの秘密はそれだけではない．最近の研究では，マグロの表面にはヌルヌルとしたマグロ体表からの分泌物いわゆるヌメリ成分があ

り，それが水中に漏れ出ているということがわかってきた[2)].

流体研究の分野においては，めかぶや納豆，ナタデココのようなヌメヌメとした成分(線状の高分子)が水中に混ざると，高分子の鎖が水中の抵抗の元となる水流の乱れの発生・成長を抑える働きがあることが古くから知られている．この高分子鎖による抵抗低減効果はトムズ効果と呼ばれている．トムズ効果の抵抗への寄与は非常に大きく，条件にもよるが，最大で 80 %程度も水の抵抗が減少することが知られている．そのような効果がマグロの遊泳時においても，図 3 のイメージで示すように，マグロ表面に漏れ出る分泌物(ヌメリ成分)によって生じている．これによってマグロの表面近くの渦の発生や，発生した渦の成長が抑制され，マグロの表面付近の流れがよりスムーズになり，マグロは自身の実力以上？の遊泳速度を達成しているといわれている．ちなみに，このトムズ効果による抵抗低減技術はすでに工業的にも利用されており，例えば，石油パイプラインによる石油の長距離輸送時の省エネ技術としても実用化されている．

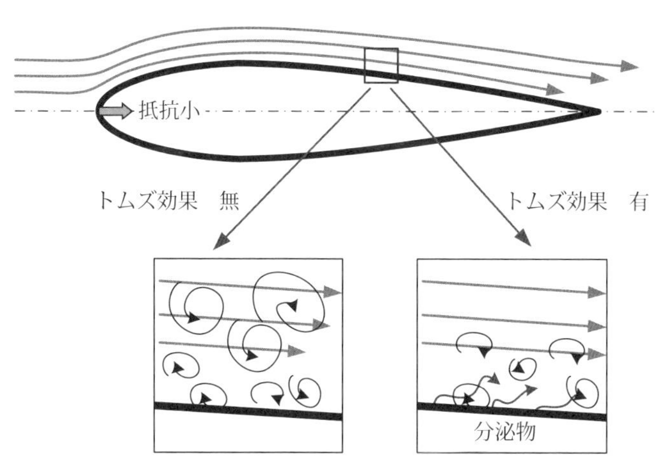

図 3　マグロの表面に生じるトムズ効果のイメージ

なお，余談だが，マグロは常に時速 80 km で泳いでいるわけではない．捕食時など，必要に応じて高速で泳ぐことはあるが，平均的には時速 10 km 程度で泳いでいるともいわれている．さすがにマグロも全力ダッシュばかりでは体力がもたないということだろうか．いずれにせよ，マグロは非常に効率的な泳ぎをしている事実に変わりはない．皆さんも，お寿司屋さんなどでマグロを食べる機会があれば，マグロはトムズ効果を利用して摩擦抵抗を減らしながらスイスイと太平洋を泳いでいたのか，などとイメージを膨らませてからお寿司を食べれば，よりおいしく感じられるかもしれない．

参考文献

1） 田中一朗，永井實：抵抗と推進の流体力学－水棲動物の高速遊泳能力に学ぶ－，シップ・アンド・オーシャン財団，1996.

2） 山盛直樹，マグロの皮膚に学ぶ低摩擦船底防汚塗料，表面技術，Vol.64, No.1，(2013)，pp.42-44.

【関連トピックス】

基礎編 1，基礎編 2，基礎編 14，発展編 1，発展編 17

大群で飛ぶムクドリや大群で泳ぐイワシはなぜ衝突しないの？

ムクドリやイワシの大群は移動時になぜぶつからないのでしょうか？　集団行動をしていればぶつかりそうですよ.

皆がある三つの約束を守って飛んだり，泳いだりしているからだよ.

さらに解説

ムクドリは，ピーヨピーヨと鳴くヒヨドリを少しずんぐりさせたようなくちばしの黄色い鳥で，畑を耕すと昆虫を求めて集まってくる．ジャージャーとしきりに鳴くが，声が悪いのはカラスの仲間であるからであってやむを得ない．ムクドリは集団ねぐらをつくることで知られている (図 1)．夕方になると駅前の常緑樹や電線にときには 1 万羽を超えるムクドリが集まってきて，ひとしきりジャージャーと騒がしく鳴きながらやがて眠る．ねぐらに入るまでに千羽単位の群で上空を飛ぶことがある．群れの行動はまるで生き物のようで，実在の動物ではないが空に昇る龍のように見えることもある．大群で飛びながら衝突することはない．集団ねぐらができるとやかましいだけでなく，大量の糞による被害も無視できない．都市鳥研究会という会があって追い払う方法についての報告も見られる．

(a)　ムクドリ

(b)　ムクドリのねぐら入り

図１　ムクドリとムクドリのねぐら入り

［出典］(a)：鳥類アトラスWEB版（鳥類標識調査回収記録データ）（環境省生物多様性センター）（https://www.biodic.go.jp/birdRinging/atlas/Sturnus_cineraceus/Sturnus_cineraceus. html?code=27）

最近は海中の魚の遊泳に関する画像も豊富であり，テレビ番組でも多彩な映像が放映されている．圧巻はカツオやバショウカジキなどに襲われた何万匹というイワシの群れが大きなボール状になって襲撃をかわそうとする映像である．イワシの群れは高速で旋回するが，互いに衝突する場面に出くわしたことがない．なお，カツオの一本釣りでは生きたイワシを餌にするが，出漁前にイワシを買ってきて港の生けすで馴らしておき，出漁時に船の中の生けすに移す必要がある．イワシが港の生けすに馴れておれば，船の生けすに移したときにも暴れて死んでしまうことなく，沖合の漁場まで生かした状態でもっていくことができる．馴れた状態の判断は，イワシが生けすの中で整然と動いているかどうかによって行うという[1)]．

まず，ムクドリなどの鳥類やイワシなどの魚類が群れになって移動する利点を述べ，ついで彼らはなぜ衝突しないのかについて解説する．水口らの論文[2)]によれば，群れで移動することによる利点は下記のようにいくつかある．

■ エネルギー消費の削減（Reduction of energy consumption）

ガン（マガン，ヒシクイなど）のＶ字型飛行については，「発展編２」で解説しているが，前を飛ぶ鳥の翼の先端近傍には翼端渦に起因する上昇流が生じているので，後続の鳥が上昇流にのれば消費エネルギーを節約できることになる．

■ ナビゲーション（Navigation）

群れの行き先は，先頭の鳥が決定してくれるので，続いて飛んでいる鳥たちは神経を使う必要はない．

■ 対捕食者戦略（Strategy for predator）

群れになっておれば，自分が捕食される確率は下がることになる．2020年３月初めのNHKの番組「ダーウィンが来た」では目くらまし効果を「混乱効果（Confusion effect）」と呼んでいた．なお，ムクドリをはじめカラス，スズメ，ハクセキレイ，ツバメなどの身近な鳥が集団ねぐらをつくることの利点としては①捕食者から身を守る，②餌の情報交換を行っているなどの説があるがよくわかっていないという．

それでは本題である，ムクドリが衝突しない理由について述べる．１万羽にもなるムクドリの群れは，非常に複雑な動きを示し，何らかの法則によって動いているように見える．この機構を解明するためのコンピュータシミュレーション（Computer simulation）が，自己駆動粒子系（Self-driven particle system）というモデル（Model）を用いて行われてきた[3)]．初期のモデルでは，仮想的な鳥につぎの三つのルールを課したところ，コンピュータ上で実際の鳥の群れのようにふるまうことが明らかにされた．

① 近傍の鳥群の重心を向く

② 近傍の鳥群と同じ方向を向く

③ 近くの鳥や障害物を避ける

このような非常に簡単なルールに従って動けば，あたかも全体として生きている動物のようなふるまいが現れるのである．なお，ムクドリの群れについての最近の知見では，群れの中の個体配置はほぼランダムとみなせることがわかってきたという[4)]．

ところで，イギリスではStarlingというムクドリの仲間がいる．黒っぽい地の上に，白い多くの星（Star）が散らばったように見えるので，このような名前がついている．和名はホシムクドリである．日本のムクドリには星はないが，英語名はGrey starlingである．子育てのとき，ムクドリは猫の糞をくわえてきて巣の周辺にこすりつけ，ネズミやヘビの侵入を阻止しているとのことである．ムクドリの仲間にコムクドリ（英語名：Red-cheeked myna）がいる．地味ではあるが，それは美しい鳥である．

参考文献

1） 西川恵与市（加藤雅毅編）：土佐のかつお一本釣り，平凡社，（1989）．

2） 水口毅，右衛門佐誠，早川美徳，Gábor Vásárhelyi，Máté Nagy：飛行する鳥の群れの計測と解析，可視化情報学会誌，37-144，（2017），pp.14-19.

3） 有田隆也：自己駆動粒子系（Self-Driven Particle Systems），知能と情報，26-2，（2014），pp.68.

4） 早川美徳：鳥の群れの動態解析と数理モデル，計測と制御，第52巻 第3号，（2013年3月），pp.207-212.

【関連トピックス】

発展編2

コウテイペンギンはどうして深くまで潜ることができるの？

Q コウテイペンギンはどうして 564 m もの深さまで潜ることができるのでしょうか？　何か体に特徴があるのでしょうか？

A 詳しいことはよくわかっていないよ．ただし，深度 564 m もの深海では光はほとんど届かず，圧力は水面での約 57 倍もあり，しかも潜水病も克服しなければならないよ．

さらに解説

コウテイペンギンが深く潜るのは浅いところよりも効率よく餌を獲ることができるからであろう．ただし，深く潜るためには克服しなければならない多くの課題がある．

① 光のほとんど届かない暗闇で餌となる動物を，どのようにして認識し，捕えることができるのか．

② 深度が 564 m ともなるとコウテイペンギンの身体に働く圧力は非常に高くなり，定着氷上の約 57 倍にもなる．このような高圧にどのようにして耐えているのか．

③ 高水圧環境から急に常圧環境（水面）へ戻ると，血液中に窒素ガスの気泡ができて，気泡塞栓や組織圧迫によって減圧症になるが，どのように回避しているのか．

以下，これらについての明確な理由は今のところ判明していないが，わかっていることについて順次述べてみよう．

■ 深海における採餌方法

クジラ，アザラシ，ペンギン，ツルなどの生物の身体に装着して飛行や潜水時の速度，加速度，飛行高度，潜水深度，まわりの画像を得ることのできる観測装置をデータロガーといい，生物にデータロガーをつけてその行動や生態を探ることをバイオロギングという．最近は小型かつ長寿命でしかも精度が良く，装着した個体に負荷をかけないデータロガーが開発されて，生物本来の生態を乱すことなく記録できるようになっている．また，生物の行動や生態を探るだけでなく，例えば，人が測定できない南極の氷の下などの水温や塩分濃度をウエッデルアザラシ（平均体重 326 kg）に測ってもらおうという試みも国立極地研究所と北海道大学によってなされている[1]．

南極で生息するコウテイペンギン（Emperor penguin）は生存する 18 種類の中で最も大きく，平均の身長は 130 cm，体重は 24 kg もあるが，極寒の地の南極でどのようにして餌をとり，子育てをしているのかということについては研究者の注目を集め，活発な研究が行われてきた．その成果は多くの成書やドキュメンタリー映画として目にすることができる．特に白夜の定着氷上で空腹に耐えながら子育てをする夫婦の苦労には涙を誘われる．コウテイペンギンの最大深度は 564 m であることが Sato ら[2]によって明らかにされた．にわかには信じられないような驚くべき深さである．海中では，深度が 1 m，10 m，100 m のときに光が届く割合はそれぞれ 45 %，16 %，1 %となっている[3]．深度 564 m では光はほとんど到達せず，暗い．光の届かないところでどのようにして餌を採っているのであろうか．コウテイペンギンの餌は小型もしくは中型の魚，イカ，タコ，甲殻類などである．マッコウクジラは光のほとんど届かない約 2000 m もの深さまで潜り，ダイオウイカなどを捕らえているという．ただし，マッコウクジラはイルカと同じように超音波を用いたエコロケーションによって餌を捕まえているので，光が届かなくても何ら問題ない．ところが，コウテイペンギンはエコロケーションによる採餌活動を行っていない．まだ，よくわかっていないが次のような可能性が考えられている[4)]．

① コウテイペンギンの餌となる動物の中には自ら発光しているものがいるので，その光を頼りにして捕える．

② オウサマペンギンにデータロガーを取り付けて観察したところ，深いところでは下から上に向かって餌となる動物を追っている様子が見出だされた．上を見ると光が弱くても餌となる動物のシルエットがわかるのではないかといわれている．コウテイペンギンも同様ではないかという考えがある．

■ 高水圧に耐える方法

水（真水）の密度，すなわち 1 m^3 当たりの質量は 4 ℃（厳密には 3.98 ℃）のときが最も大きく，1000.0 kg/m^3 である．密度はギリシャ文字の ρ（ローと発音する）で表す．水温が 4 ℃よりも低くなっても，高くなっても密度は 1000.0 kg/m^3 よりも小さくなる．例えば，凍る前の 0 ℃の水では 999.9 kg/m^3，10 ℃，20 ℃，および 30 ℃の水ではそれぞれ 999.7 kg/m^3，998.2 kg/m^3，995.7 kg/m^3 となっている．4 ℃のときの値からの差は小さいが，このことは真水で生活する水棲生物にとって非常にありがたいことである．北国の池の水温が底から水面までのいたるところで 10 ℃であると仮定しよう．例えば，上空に −36 ℃の寒波がやってきて水が表面から冷やされ始めると，水面近くの水の温度は 10 ℃よりも低くなるから，水面付近の水の密度は水面よりも下方にある 10 ℃の水の密度 999.7 kg/m^3 よりも大きくなって，降下を始める．降下した分を補うように下から 10 ℃の水が上昇してきて冷やされて降下する．このプロセスが繰り返されることによって池の水の温度は全体としてどんどん低くなっていく．ところが，池の表面が凍り始めても最も密度の大きい4 ℃の水が池の底の方に残ることになる．もちろん，さらに冷やされると池全体の水が凍ってしまうが，それまでに暖かくなれば，池の底に逃げこんだ魚をはじめとする水棲動物は命を長らえることができる[5)]．

地球の表面近傍では主として窒素と酸素からなる大気が取り巻いており，地面や水面だけでなく地上で生活する我々には大気の重みがのしかかっている．単位面積（1 m^2）当たりの大気の重さを大気圧といい，1気圧と呼んでいる．水中へ潜ると，我々の身体には大気圧に加えて，我々の上に存在する水による圧力も加わる．淡水であれば，圧力は10.3 m潜るごとに1気圧だけ増える．10.3 m潜ると圧力は合計2気圧となる．103 m潜ると11気圧ということになる．海水には塩などが溶けこんでいるので，密度は淡水の場合よりも大きくおよそ1030 kg/m^3である．したがって，海水中では10.0 m潜るごとに1気圧ずつ増えていく．世界素潜り選手権大会なるものが海を舞台にして行われているが，そこでは100 mは潜るというから，圧力は約11気圧ということになる．コウテイペンギンが潜る深度564 mでは圧力は約57気圧になる．海面へ戻れば，後方気のうを膨張させて空気を貯めて再び潜水を行わねばならない．このような高圧に耐えることができる胸郭の構造には感心する．

■ 減圧症への対策

カイツブリやペンギンなどの潜水性鳥類は空気を吸いこんでから潜るが，アザラシは空気を吐き出してから潜るそうである[6)]．減圧症を避けるためであるといわれている．ペンギンは潜るときに羽根（フリッパー）を使うが，浮上時には途中で使うのをやめる．一方，アザラシは潜るときに鰭（ひれ）を使わないで，浮上のときに使う．鳥類と哺乳類で異なる方式を採用した理由についてはわかっていないらしい．

減圧症とは，潜函（せんかん）作業や潜水作業などの高気圧環境から急に常圧環境（水面）へ戻ると，血液中に窒素ガスの気泡ができて，気泡塞栓や組織圧迫によって起きる障害である[7)]．液体中へ溶けこむことができる気体の量はヘンリーの法則によって圧力が高くなるほど多くなる．温度と液体の量が一定のとき，液体中に溶解する気体の量は圧力に比例するという法則をヘンリーの法則と呼ぶ．この現象は血液についても起こり，高圧環境では多くの窒素が血液中に溶けこんでいる．ゆっくりと常圧環境へ戻ると窒素は血液中から出ていくが，急に戻ると血液の中で気泡となってしまう．ビール瓶の栓を抜くと，ビールの圧力が急に下がって，溶けていた二酸化炭素（CO_2）が微細気泡（Fine bubble）となって出てくるのと同じ現象である．これをガスキャビテーション（Gas cavitation）という．なお，水の圧力を下げていったときに圧力が水の蒸気圧（Vapor pressure）よりも低くなると，水が水蒸気の泡になって水中を上昇するが，この現象は蒸気キャビテーション（Vapor cavitation）と呼んで区別している．コウテイペンギンが減圧症をどのように回避しているのかについてはわかっていないようである．

参考文献

1）朝日新聞夕刊：南極の厚い氷の下はアザラシに観測お任せ，2022.01.19.

2）Sato et al.（2011）Stroke rates and diving air volumes of emperor penguins: implications for dive Journal of Experimental Biology 214: pp.2854-2863.

3）横瀬久芳：はじめて学ぶ海洋学，朝倉書店，（2015），p.90-109.

4）綿貫豊：もっと知りたい！　海の生き物シリーズ⑥　ペンギンはなぜとばないのか？　海を選んだ鳥たちの姿，恒星社厚生閣，（2013）.

5）文部科学省ホームページ：https://www.mext.go.jp/b_menu/shingi/gijyutu/gijyutu0/shiryo/attach/1331537.htm#.

6） 佐藤克文：海の動物を観る－最新のテクノロジーを用いた高次捕食動物の生物学，学術の動向，11-9，（2006），pp.8-13.
7） 日本救急医学会ホームページ：https://www.jaam.jp/.

【関連トピックス】

導入編 1，基礎編 10

済州島にできるユニークな雲の正体とは？

Q 済州島にできるおもしろい雲ってどのようなものですか？

A 流れ中に置かれた物体後方に現れるカルマン渦が，雲の形で可視化されたものだよ．

さらに解説

円柱や角柱などの物体に流れがあたると，その後方には交互に渦の列ができることがある．これは，ハンガリーの航空工学者カルマン・トードル（セオドア・フォン・カルマン：1881～1963）が見出したもので，彼の名前にちなんでカルマン渦と呼ばれている．図１は，北西風が吹きつけたとき，左上の済州島後方にカルマン渦が雲の形で可視化されたものである．よく見ると九州より南の屋久島後方にも，うっすらとカルマン渦の雲ができていることがわかる．ほぼ左右対称の島のちょうど正面から風が当たると，このようなきれいな模様が見られる場合がしばしばある．実際に雲の模様が現れるためには，ある程度高い山が島にあることや風向き以外の気象条件も必要となる．

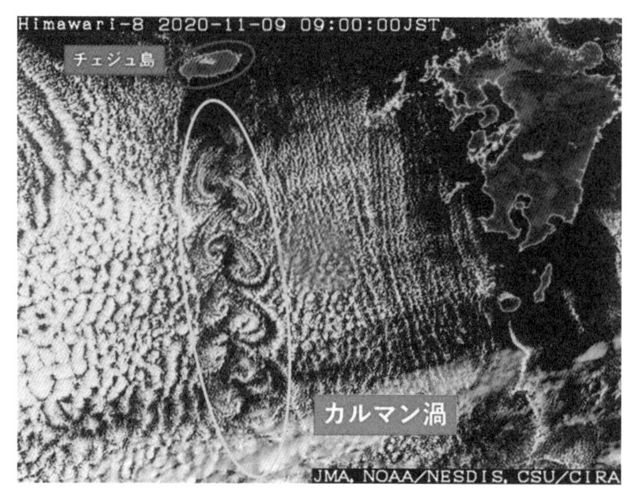

図1　済州島風下に現れたカルマン渦の雲

［出典］気象庁ホームページ（https://www.data.jma.go.jp/sat_info/himawari/obsimg/image_cloud.html）（JMA，NOAA/NESDIS，CSU/CIRA）

上記の例や竜巻・台風などの気象に関わるものや，洗濯機内の流れや鳴門の渦潮（「基礎編7」参照）など，渦は日常的にしばしば見かける現象である．渦は流れがある場合には必ずといってよいほど現れるものであるが，空気や水の流れは通常は目に見えないので，見逃している渦も数多くある．ここで取り上げたカルマン渦は，流れと物体の相互干渉によって生じるもので，電線に風が当たったときビュービューと音を発生する現象や，風の中に置かれたアンテナの細い棒が振動する現象などは，カルマン渦によるものといわれている．感覚的には，静止した物体に速度をもつ風が当たると，その速度差によってずり（せん断）が生じ，それが原因となってクルクル回転する渦が放出されると理解できる．図1の済州島の例では，北西風があたる島の東側の端からは右回り，西側端からは左回りの渦が一定の周期で交互に放出され，風に乗って流れる二つの渦列の雲が現れたものである．

カルマンは円柱に一定速度の流れが当たる基本的な問題を例にとり，渦発生のメカニズムを考察した（科学の進歩では，まずできるだけシンプルな例を選び，基本となるメカニズムを明らかにする．その後，ほかの複雑な効果を考察して高度な知識へ高めていく）．カルマンは，円柱後方に現れる渦の配置（渦同士の間隔ならびに渦列間の間隔）について流体力学に基づく考察を行い，安定な配置の条件（つまり実際に観察される配置）を導いている．彼の発見以来100年以上経過した現在でも，様々な物体後方に現れるカルマン渦に関する研究が続いている．

カルマン渦が関係した有名な出来事として，1940年，アメリカワシントン州で起きたタコマ橋崩壊の事例がある（図2）．完成したばかりの長大な吊り橋（1.6 km）がカルマン渦によって共振を起こし，大きな揺れの後，橋が崩壊する事故が起きた（人命損傷はなし）．YouTubeにも動画が公開されているので，興味のある方は一度ご覧になってはいかがでしょうか．カルマン渦の技術への応用例として，管内の流量を測定する機器の開発が挙げられる．カルマン渦の周波数を測定することで，流れの速度を逆算して流量を求める構造となっている．ものごとの原理がわかればとにかく利用しよう，という人類のもつ技術への強い欲求を垣間見る思いである．

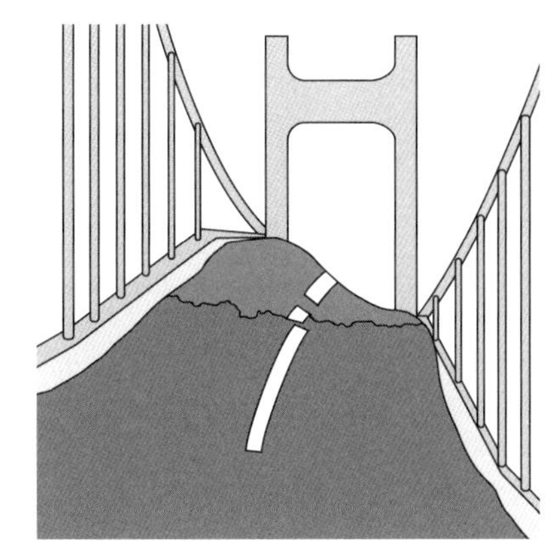

図2　タコマ橋の崩壊の様子

最後に，カルマン渦を実際に観察できる簡単な実験を紹介しよう．コーヒーにミルクを浮かべ，ストローなどの丸い棒を突っこんで動かす（流れがストローにあたる）と，その後ろに右回転と左回転の渦が交互に放出され，図３のようなカルマン渦列を観察することができる(「導入編３」の図２)．いろいろ工夫して，きれいな渦をつくってみてはいかがでしょうか．

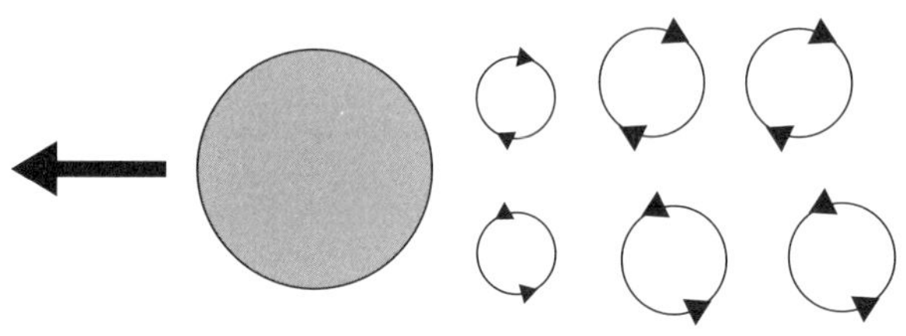

図３　円柱後方のカルマン渦列

【関連トピックス】

導入編 3，基礎編 7，発展編 14，発展編 18

鳴門海峡にある渦の正体とは？

鳴門海峡にある渦はどのようにしてできるのですか？　自然の原理でこのようになるのはすごいですね．

狭い鳴門海峡を通る速い潮流と，陸近くの遅い流れとの間のずり（せん断）により，渦潮が発生するんだよ．

さらに解説

図１の渦潮を実際に見た人もいると思う．「基礎編６」のカルマン渦でも少し触れたように，速度差がある流れ同士の境界にはずり（せん断）があるため，クルクル回る渦が発生する．鳴門海峡では，干満の差により極めて速い潮流が発生し，場所ごとに速度の違う流れ同士が擦れ合ってずりが生じる結果，色々な場所で渦が発生する．ここでは，まず鳴門海峡に世界三大潮流と呼ばれる速い流れが現れる理由に触れ，上述の渦の発生へと説明を進めよう．

図１　大鳴門橋と渦潮

鳴門海峡は紀伊水道と瀬戸内海をつなぐ海域で，北東の淡路島と南の四国鳴門との間に形成されている．鳴門海峡には約 1.6 km の大鳴門橋がかかっており，自動車で通過する際，タイミングが合えば図 1 のような渦潮を見ることができる．渦潮の発生には，潮の干満による海峡両側の大きな水位差が引き起こす潮流の役割が大きい．地球上の海洋には，月からの引力の作用の結果，大体 6 時間ごとに満潮，干潮が交互に現れ，水面の高さが変動する．満潮，干潮を説明する模式図(図 2)を見たことのある人も多いと思う．月の引力に引っ張られる側が満潮である．図 3 は，鳴門海峡周辺の陸と海を描いたものである．太平洋側が満潮になって水位が上昇すると，水の大部分は幅の広い紀淡海峡を通って大阪湾に侵入し，明石海峡を経て瀬戸内海(播磨灘)に流れこむ．瀬戸内海の水位が上昇し 6 時間程度経過すると，今度は太平洋側が干潮となり，大きな水位差が生まれる．瀬戸内海と太平洋側との水位差は，最大 1.5 m に達するといわれている．この水位差により，鳴門海峡の狭いすき間(約 1.3 km)を通って水が一気に太平洋側に流れるので，大きな速度(約 20 km/h)の流れが発生する．これは，水泳選手の泳ぐ速度 6〜7 km/h よりもずいぶん速く，マラソンランナーの走る速度に大体等しい．

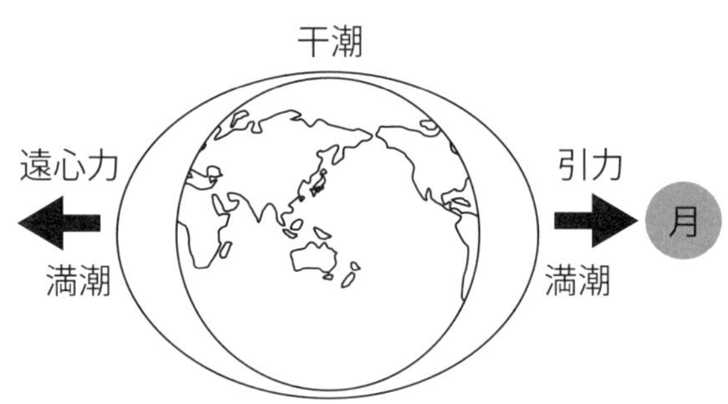

図 2　月の引力と干潮，満潮の関係

それでは本題の渦潮の発生を説明しよう．海峡の中央部には水深 90 m の深いくぼみがあり，陸に近いところは遠浅になっている．このため，海峡中央部は水が流れやすく大きな速度が発生し，浅瀬の陸側との間に大きな速度差が生まれる．このような状況下でランダムに流れが混じりあうと，ところどころ大きな速度差のある水同士が出くわす箇所ができる．速度差のある流れ同士が擦れ合う結果，境界にずり（せん断）が生じ，クルクル回る渦潮が生まれると考えられる．鳴門の渦潮が生まれて消滅するまでの寿命は，数 10 秒から 1 分程度といわれている．以上の説明から，渦潮は速度の違う水同士の擦れ合いから生まれるもので，静止物体と流れの干渉から生まれるカルマン渦（「基礎編 6」参照）とはやや発生原理が異なる．

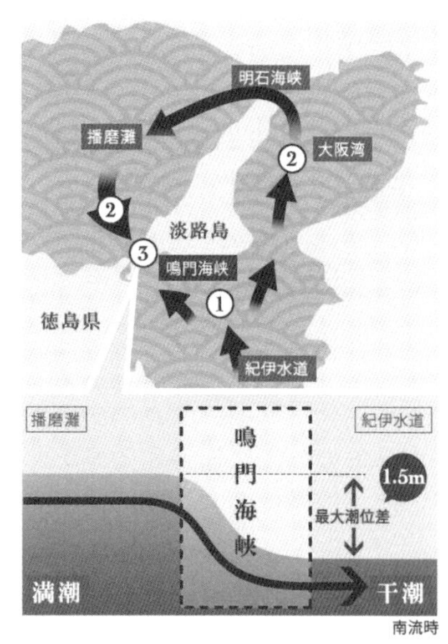

図 3　鳴門海峡に速度の大きな潮流が生まれるメカニズム

［出典］兵庫・徳島「鳴門の渦潮」世界遺産登録推進協議会

最後に渦潮による効果に少し触れておこう．渦が発生すると大きな循環流れが生まれる結果，大気中の酸素が水中に多く取りこまれるとともに，海底付近の水と，酸素を多く含む水面付近の水の混合が活発に行われる．その結果，生物にとって好ましい環境が維持され，多くの魚が育まれる．渦潮は，豊穣な海の環境維持に一役買っているといえる．

【関連トピックス】

基礎編 6，発展編 8，発展編 18

基礎編 8 Basic

川はなぜ蛇行するの？

川はなぜ蛇行するのでしょうか？　考えてみれば，確かにカーブのない川は見られませんね．

わずかにでも川の流れの向きがカーブすると，水流がカーブの外側に衝突して岸を浸食し，その後，向きを変えて対岸に衝突して浸食する．これを繰り返すことから，川は蛇行するんだよ．

さらに解説

最近では後述する河川の改修のために極端に蛇行した川の流れを見ることはないが，それでも一直線となっている川を見ることもなかなかないのではないだろうか．図１のように川はたいていの場合，左右に蛇行している．最近では川の両岸がコンクリートで強固に固められている場合もあり，大きな川の川岸の位置が変化することを容易には想像できないが，何ら人工的に手を加えなければ，川岸の形状は時間とともに変化して，川の流れは蛇行し，蛇行が発達していく．この現象について理解するには，まず川の流れが引き起こす以下の三つの作用に

図１　蛇行する川（石狩川）

［出典］国土交通省北海道開発局ウェブサイト（https://www.hkd.mlit.go.jp/sp/kasen_keikaku/kluhh400000013ax.html）

ついて理解しておく必要がある[1)].

① 浸食作用：川底や川岸の土砂や岩などに水流が衝突して，これらを削り取る作用．削り取られた土砂や岩はほかの土砂や岩に衝突してさらなる浸食を引き起こす．

② 運搬作用：浸食作用によって削り取られた土砂や岩が川の流れに沿って下流へと流される作用．浸食作用や運搬作用は洪水時など，水流の速度が速い場合に促進される．

③ 堆積作用：水流が運搬できる質量と水流の速度には相関関係があり，運搬作用によって運ばれてきた土砂も速度の遅いところで移動が止まり，その場所に堆積する．

特に川がカーブしているところでは，浸食，運搬，堆積が以下のように生じる．川が左回りにわずかにカーブしている場合の流れの状況を図2に示す．川底が完全に左右対称になることはないので，このようなわずかなカーブはどこにでも起こり得る．カーブしている所では遠心力が働くので，水流はカーブの外側に偏る．水流の速度は外側で速く，内側で遅くなる．そのため，外側で浸食や運搬作用が促進される．内側は速度が遅いので堆積作用が強くなる．川の流れはカーブの外側の川岸をえぐり取り，内側を土砂で埋めていく[1-4)]．川の水は地面の傾斜方向に流れようとするので，川は左回りに曲がり続けることはできず，やがて右回りにカーブし始める (図3(a))．右回りに変わった後は，その右回りのカーブの外側で浸食・運搬作用が強くなり，内側で堆積作用が強くなる．すなわち，いったん，川がわずかにでもどちらかに曲がると，浸食と堆積が左右の川岸で交互に起こることになり，カー

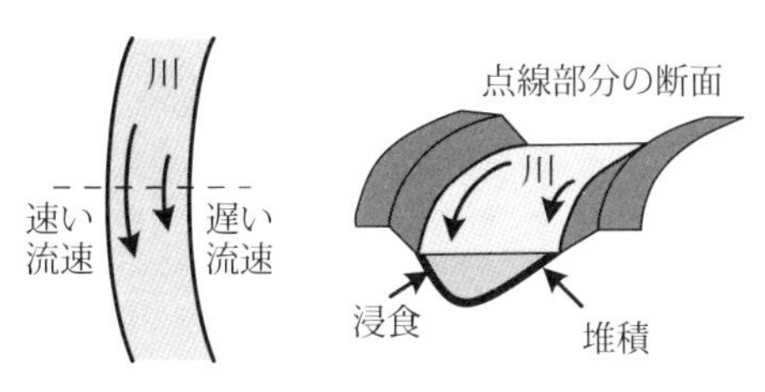

図2　湾曲部の川の流れ

ブの湾曲は時間とともにより強くなる(図3(b)，(c))．このような理由で川の蛇行は生じる．

ただし，このような蛇行が極端に進むと図3(c)のA地点の付近では川が地面の傾斜とほぼ直角方向に流れることとなり，川の流れが悪くなる．このような状態でひとたび大雨が降り，一挙に大量の水が川に流れると，川幅の中で流すことのできる水量を越え，水が川岸を越えて氾濫する．氾濫が起こった後には，新たな直線的な川岸が形成され，以前の蛇行していた川の一部は「河跡湖」や「三日月湖」と呼ばれる湖を形成する(図3(d))．

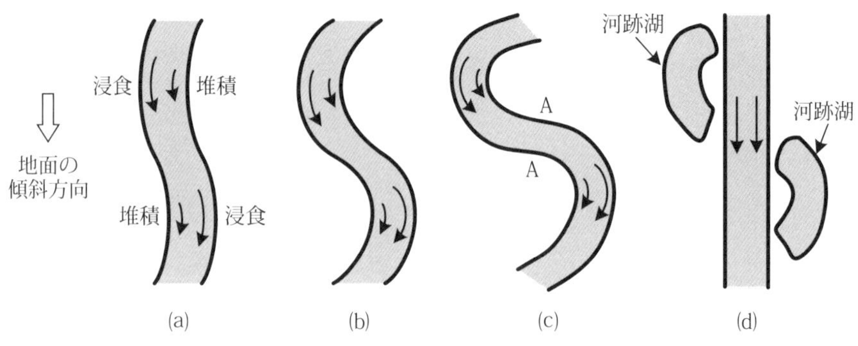

図3　川の蛇行の発達

現在，市街地の中で極端に蛇行している川を見ることはないが，それでも，大雨が降ると川が氾濫し，周辺地域に甚大な物的・人的被害をもたらす．このような川の氾濫による水害を防ぎ，川の水を有効活用するために，河川の改良・保全工事(治水工事)が行われる．基本的には，川幅の中に流せる水量を増やす対策が講じられる．蛇行しているところを直線に直したり，川底を掘って深くしたり，川岸の堤防を高くするなどの工事が行われる．また，降水時にいったん水を貯めておくダムを造ることも対策の一つである．国土を保全するために重要な工事であるが，莫大な手間と時間と費用を要するので，どこまで工事を行うべきなのかが常に問題となる．

このような治水工事が行われるので，身のまわりで極端に蛇行した川の流れを見ることはないかもしれない．日本では釧路湿原を流れる釧路川で極端な川の蛇行を見ることができる（図 4）．湿原に人が住んでおらず，田畑もないので，大規模な河川改修が行われず，自然のままに川が流れている．また，世界に目を向ければ，いたるところで川は大きく蛇行している．インターネットで地球上のあらゆる場所の衛星写真を見ることができるので，そのようなサービスを利用してアマゾン川の中流域の様子を是非見て頂きたい．いくつもの支流があり，川が蛇行していることがわかるだろう．

図 4　釧路湿原を流れる極端に蛇行する川（釧路川）

［出典］国土交通省北海道開発局ウェブサイト（https://www.hkd.mlit.go.jp/ks/kusiro_kasen/map07.html）

参考文献

1） 西畑勇夫：河川工学，技報堂出版（1973），p.12-32.

2） 椎貝博美，河川工学における流体力学，日本流体力学会誌「ながれ」V4（1985），pp.9-17.

3） 池田駿介，日野幹雄，吉川秀夫：河川の自由蛇行に関する理論的研究，土木学会論文報告集 第 255 号（1976），pp.63-73.

4） 竹林洋史，河川中・下流域の河道地形，日本流体力学会誌「ながれ」V24（2005），pp.27-36.

飛行機雲はどうしてできるの？

Q 飛行機雲はどうしてできるのでしょうか？ 雨を降らす雲とは違うのでしょうか？

A ジェットエンジンが出す高温の排気ガスに含まれる水蒸気がまわりの低温の空気で急速に冷やされて，無数の小さな氷の粒が形成されるからだよ.

さらに解説

上空を飛ぶ飛行機の後方に図１のような飛行機雲がしばしば観察される．この雲の発生機構について考えてみよう．

まず，飛行機のジェットエンジンの構造（図２）について簡単に説明する．前方から流入した空気は内側と外側の二手の流路に分かれ，内側流路に入った空気は圧縮機で圧縮されて燃焼室に入る．その後，燃焼室で圧縮空気に燃料を吹きこんで燃焼させ，高温高圧の燃焼ガスを発生させる．こ

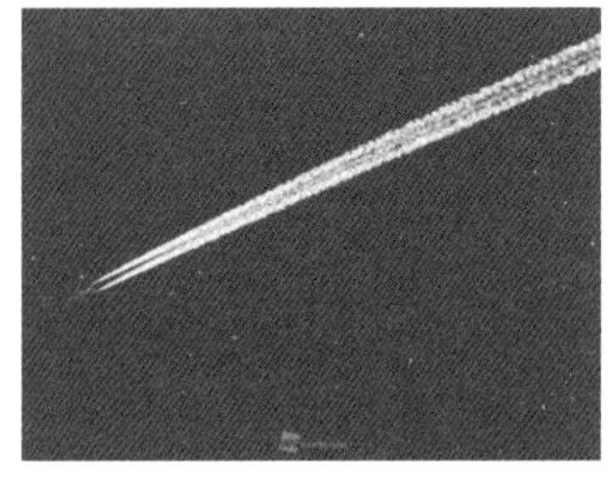

図１　飛行機雲

［出典］株式会社ウェザーニューズホームページ（https://weathernews.jp/s/topics/202004/220135/）

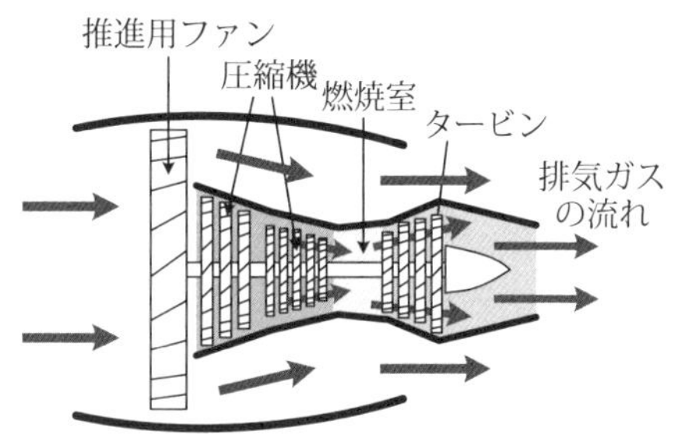

図２　航空機用ジェットエンジンの構造

の燃焼ガスの流れでタービンを回して，圧縮機とエンジン前方の推進用ファンを駆動する．推進用ファンは外側の流路に高速の空気流を生み出して推進力を発生させる．排気ガスは後方に噴出され，それによっても推進力が発生する．

以下では，大型旅客機の一つであるボーイング 777-300ER 型機（最大乗客定員 550 名）を例に挙げて考えてみよう．この飛行機は 1 時間当たり 8100 kg 程度の燃料を消費するので[1)]，1 分当たりでは約 135 kg の消費となる．飛行機の燃料の基本的な成分は灯油と同じで，灯油などの炭化水素の燃料が空気の下で燃焼すれば，燃焼ガスの主成分は窒素，水蒸気，二酸化炭素となる．灯油は $C_{12}H_{24}$ などを成分としており，1 kg 燃えると水蒸気は約 1.2 kg 発生する．したがって，飛行機は 1 分当たり約 160 kg もの水蒸気を排出しながら飛んでいると考えられる[2)]．排気ガスの温度は摂氏数百度なので，排出時には水は気体の水蒸気の状態である．まずは，排気ガスに大量の水蒸気が含まれていることに注意しよう．

さらに，排気ガスを取り巻く空気の温度について考えよう．地上の気温は年間平均すれば 20 ℃程度だが，飛行機が飛ぶ高度約 10000 m では気温が −45 ℃となる[3)]．このため，高温の水蒸気が一気に周囲の空気で冷やされる．類似の現象はやかんで水を沸騰させた場合にも生じている．やかんの注ぎ口から出た水蒸気がまわりの空気で急冷され，多数の水滴となって湯気が生じる．ジェットエンジンの排気においても多量の水滴が発生するが，気温が低いため，さらに氷結して氷の粒が大量に発生する．−45 ℃の空気でもある程度は水蒸気を含むことができるが，地上よりはその値が小さく，多くが氷の粒となる．水蒸気から水滴が生じるためには，核となる固体の粒（塵）も必要となる．排気ガス中には多量の固体の粒子状物質（PM）も含まれるので，これが核となる．このようにしてできた氷の粒が飛行機雲となる．

航空機は離陸時に推力を最も必要とするので，エンジンから排出される水蒸気量は滑走時が最も多い．しかし，地上では気温が高く，空気が多くの水蒸気量を含むことができるので，排気ガス中の水蒸気が周囲空気中に拡散する．このため滑走時や低空飛行時に飛行機雲が形成されることはない．

いったん，上空で形成された氷の粒は空気の流れによって周囲に拡散していくとともに，やがては空気の中に蒸発して飛行機雲は消える．飛行機雲が消えにくい場合，それは上空の空気に水蒸気が多く含まれている事を意味し，天気が悪くなる前兆である．

参考文献

1） A. Jasmine*，A. R. Putranto，A.N. Charles.，A. Sodikin: Payload Optimization Comparison of Airbus 330 – 300 And Boeing 777 – 300ER Aircraft，ICSTEEM 2019 and 3rd Grostlog 2019, Journal of Physics Conference Series 1573（1），（2020）012023, doi:10.1088/1742-6596/1573/1/012023.

2） 水谷幸夫：燃焼工学　第３版，森北出版，（2002），p.1-60.

3） 国土交通省 指定気圧面の観測データ，例えば http://www.data.jma.go.jp/obd/stats/etrn/upper/view/hourly_usp.php?year=2021&month=04&day=01&hour=9&point=47778&atm=&view= など.

大気圧から地球の空気の質量を求めた結果は？

大気圧から地球の空気の質量を求めるといくらになりますか？

地上の大気圧は約 100000 N/m² で，そこから求められる地球上の空気の質量は 5240 兆トンとなる．これは富士山の質量の約 4600 倍である．

さらに解説

地球上にあるあらゆるものは引力（重力）で地球に引きつけられている．空気も例外ではなく，地球に引きつけられている．空気が宇宙の外に出ていかないのは引力（重力）があるためである．私たちの頭上には空気の層がある．この空気の層の質量は重力にひきつけられており，地上の大気圧が生じている（図 1）．地表 1 m^2 の真上にある空気の質量を M [$\mathrm{kg/m^2}$] とすれば，この質量に作用する重力は 9.8 M [$\mathrm{N/m^2}$] である．これが大気圧 100000 $\mathrm{N/m^2}$ となるので，M＝10204 $\mathrm{kg/m^2}$ となる．1 m^2 当たり，約 10 トンもの空気が存在しているのである．

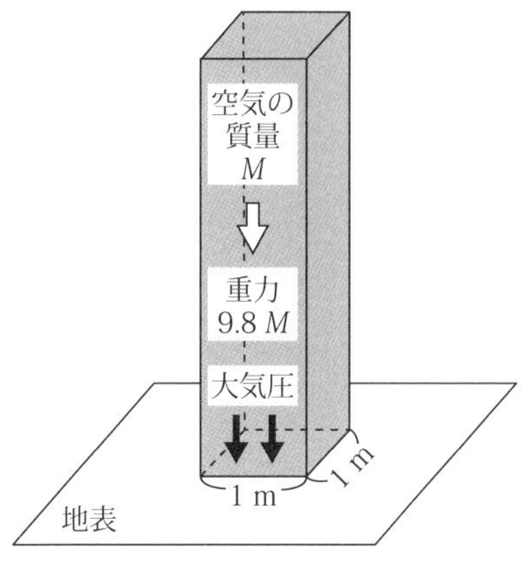

図 1　空気の質量に加わる重力と大気圧の関係

次に地球の表面積を考える．地球の半径 R は約 6400 km なので，地球を球と考えれば，その表面積は $S = 4\pi R^2 = 5.14 \times 10^{14}$ m^2 となる．したがって，地球上の空気の質量は $M \times S = 5.24 \times 10^{18}$ kg，すなわち 5240 兆トンとなる．海水の質量 1.3×10^{21} kg[1)]よりは小さいが，それでも海水質量の 0.4 %程度の値となる．富士山の質量を 1 兆 1500 億トンと見積もった報告例[2)]があるので，これを基準にすれば富士山約 4600 個分の質量ということになる．

一方，気圧はおよそ 5700 m 程度上昇するごとに半減し，空気の密度は気圧に比例する[3)]．すなわち，地上での空気の密度を ρ_a [kg/m^3] とすれば，高度 5700 m では $0.5\rho_a$，11400 m では $0.25\rho_a$ となっている．この事実から ρ_a の値も求めてみよう．高度 z に対する密度の変化を図 2 のような折れ線で近似する．z が 34200 m 以上では密度が非常に小さくなるので，図 2 ではそれ以下の高度の範囲のみ示している．折れ線内のグレーの部分の面積が，1 m^2 の地表の上にある空気の質量を表すことになる．これを計算すると $8416\rho_a$ [kg/m^2] となり，これが先述の $M = 10204$ kg/m^2 と等しいとすると $\rho_a = 1.21$ kg/m^3 となる．別途厳密に計測された 20 ℃の地上での空気密度は 1.205 kg/m^3[3,4)] なので，ほぼこの値と一致する値が得られる．

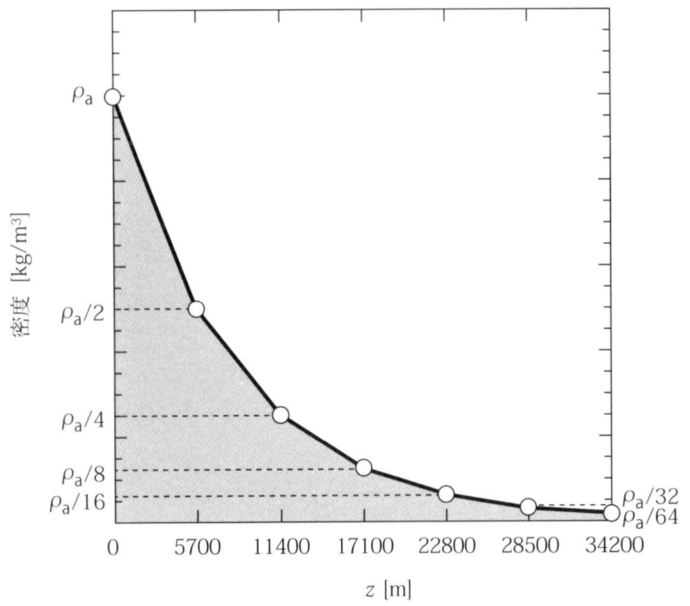

図 2　空気密度の高度による変化

ところで，地球から大気がなくならないのは，上記の通り，重力が大気を捕らえているからであるが，完璧ではない．大気成分の中でも，質量が小さく，高速で運動する水素やヘリウムは，高層で太陽からの輻射や太陽風などの影響を受けて運動エネルギーを獲得すると，引力の束縛から逃れて地球から離脱する[5)]．これは大気散逸と呼ばれ，実際に衛星写真などで地球からの離脱が確認されている[6)]．これにより 1 秒当たり 3 kg の水素と 50 g のヘリウムが地球からなくなっている．現状，地球上の生命活動にはまったく問題ないレベルだが，惑星によって大気散逸の速度は異なる．火星には過去，水や濃厚な大気があったと考えられているが，重力が地球の 1/3 で大気を保持できず，その多くが宇宙に散逸して現在の気圧は地球の 0.6 %である．大気散逸は惑星の大気の成分や大気圧に影響を及ぼすので，天文学の分野で研究が進められている．

参考文献

1）国土交通省水管理・国土保全局水資源部：平成 30 年版日本の水資源の現況,（2018），p.1　https://www.mlit.go.jp/common/001258366.pdf.

2）駒澤正夫：重力測定による富士山の重量と内部構造，産業技術総合研究所地質調査総合センター地質ニュース 590 号，（2003），pp.44-48（https://www.gsj.jp/data/chishitsunews/03_10_08.pdf）.

3）国土交通省の指定気圧面の観測データ，例えば
http://www.data.jma.go.jp/obd/stats/etrn/upper/view/hourly_usp.php?year=2021&month=04&day=01&hour=9&point=47778&atm=&view= など.

4）国立天文台編：理科年表（平成 20 年），丸善株式会社，（2008），p.376.

5）D.C. キャトリング，K.J. ザーンレ：惑星の顔を決める大気流出，日経サイエンス 2009 年 8 月号，（2009），pp.52-61.

6）R.L. Rairden，L. A. Frank，J. D. Craven: Geocoronal Imaging with Dynamics Explorer，Journal of Geophysical Research Space Physics，V91（A12），（1986），pp.13613-13630.

【関連トピックス】

基礎編 5，発展編 21

基礎編 11 Basic　雨の日に水面近くへ魚が集まってきて，口をパクパクしているのはなぜなの？

雨の日に水面近くへ多くの魚が集まってきて，口をパクパクしているのはなぜだろう？　魚も雨の日は息苦しいのかなぁ？

雨滴によって空気中の酸素が水中へ供給されるからだよ．

さらに解説

雨が降らなくても水面では空気中の酸素が常に溶けこんでおり，水面近くでは酸素の豊富な薄い層が存在する（図1）．水中の酸素が少なくなると魚は水面近くまでやってきて酸素を急いで取りこもうとして口をパクパクさせる．これを水面呼吸という．ただし，界面近傍の水と空気が静止していると溶解する酸素量は多くはない．風が出て水面にさざ波などが立つと溶解量は増える．雨が降ると酸素の豊富な層はもっと厚くなるとともに溶けこむ酸素の量も格段に増える．そのため，多くの魚が雨の日に水面近くへやってきて酸素の豊富な水を吸いこもうとする．もちろん，肺呼吸をするハイギョと違って普通の魚はえら呼吸するので，空気を吸いこんでいるわけではない．それでは，雨の日に酸素が水

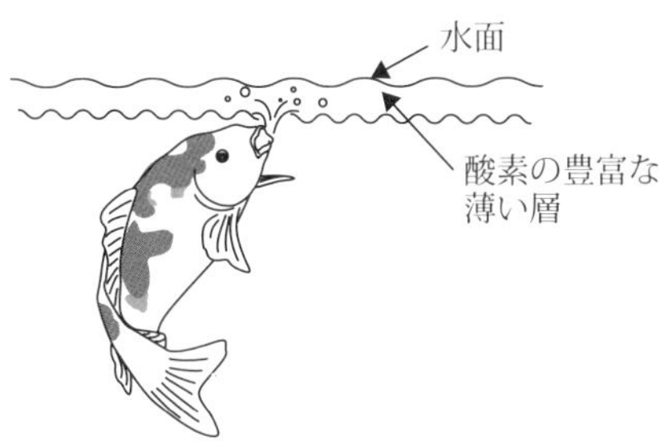

図1　雨の降らない日に水面近くで口をパクパクさせている魚

中に溶けこむ機構について述べることにしよう.

雨は我々の生活と非常に密接な関係をもっている. 特に我が国では雨は身近な存在であって, その呼び名はざっと挙げただけでも霧雨, 雷雨, 驟雨(しゅうう), 五月雨, 梅雨, 日向雨などが頭に浮かぶ.「霧雨じゃ, 濡れて行こう」というセリフはなじみ深い. 雨には良い面も悪い面もあるが, それらをまとめると次のようになる.

■ 地表への水分の供給

アフリカのような乾季と雨季のある国では, 雨季の始まりを告げる突然の大雨によって大地が見る間に水で覆われていく様子をテレビなどで目にしたことがあると思う. 雨の最も大きな役割は水分を大地に供給することである.

■ 空気中の不純物の吸着

雨滴の表面には多くの物質が付着しやすい. 雨滴の落下中には空気中のほこり, ごみ, 有害な物質などの不純物が表面に付着するだけでなく, 雨滴中に溶解する. 二酸化硫黄などの酸性物質が溶けこんだ酸性雨(Acid rain)はその典型例である. 雨が降り続けると空気中の不純物は徐々に少なくなる. したがって, 時と場所によるが, 降り始めの雨には多くの有害な物質が含まれている可能性があり, 濡れないようにすることが大事である.

■ 水中への二酸化炭素や酸素の供給

雨滴が空気中を落下しているときの速度はおよそ 10 m/s にもなるので, 空気中の二酸化炭素や酸素が雨滴中に溶解しやすくなる. したがって, 雨滴が水中に突入すると二酸化炭素や酸素ももちこまれる.

■ 土壌の浸食，崩壊

最近，線状降雨帯という言葉をよく耳にする．線状の領域に大雨が長時間にわたって降り続ける現象を線状降雨帯豪雨と呼ぶ．福岡県朝倉市での大洪水が示すように大地をえぐり，甚大な被害をもたらす．

■ 植物や建造物の破壊

台風のとき，風だけのときよりも雨が混じると破壊力が増し，植物や建造物をなぎ倒すことはよく知られている．

ここでは上記の「水中への二酸化炭素や酸素の供給」について詳しく説明してみよう．空気中の酸素が雨滴によって池などの水中に溶解する機構は以下のように説明できる．

① 空気中の酸素が落下中の雨滴中に溶解する (図 2(a))．

② 雨滴が水中に侵入すれば雨滴中に溶解した酸素が水中にもちこまれることになる (図 2(b))．雨滴が侵入する距離は降下速度が大きいほど大きくなる．酸素量は雨滴の数，したがって，雨量が多いほど多くなる．

③ 雨滴が池の表面から水中に侵入するとき，雨滴の背後に気柱が発生する (図 2(b))．気柱とそれを取り巻く水との間でも酸素の溶解は起こるが，気柱の存在時間は短いので多くは期待できない．このような水—空気界面における溶解速度については化学工学分野の論文に詳しく掲載されている．

④ 気柱は途中で上下に分裂するが，上部は浮力によって水面まで戻ってくる (図 2(c))．下部は小さな気泡となって水中に取りこまれる．気泡は浮力によって上昇するので，途中で気泡中の酸素の一部が水中に溶解する (図 2(d))．なお，気柱ができるのは水滴の水面への衝突速度がほぼ 7.3 m/s よりも大きい場合である．従来の研究によれば，雨滴の落下速度は雨滴の大きさに依存しており，直径が 4 mm のとき 10.3 m/s, 10 mm

のとき 17.8 m/s である．この速度は臨界値（気柱のできる最小速度）の 7.3 m/s よりも大きいので，通常の雨では気柱はできていると考えられる．もちろん，霧雨の様な雨滴の非常に小さい場合には気柱はできない．

⑤　雨滴の水面への衝突（Collision）に際してある条件が満たされると，池の水が多くの水滴となって空気中へ跳ね上がる（図 2(b)）．これをスプラッシュ（Splash）と呼ぶ．大雨の歩道で水しぶきがあがることは誰もが経験しているが，同じような現象である．水滴中の酸素濃度が低いと空気中の酸素が溶解し，水滴が池の中に戻ってきたときに水中に取りこまれることになる．

以上のように，雨滴の降下速度が大きく，雨量が多いほど水中へ取りこまれる酸素量は多くなり，雨が降り始めの頃に多くの魚が水面近くへやってくる．

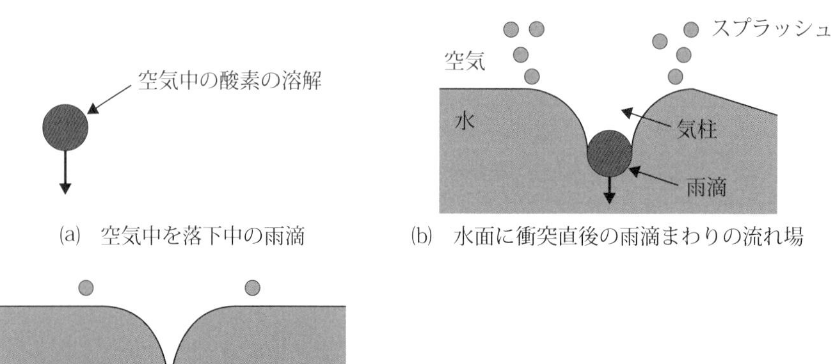

(a)　空気中を落下中の雨滴
(b)　水面に衝突直後の雨滴まわりの流れ場
(c)　気柱の分裂
(d)　気泡の上昇

図 2　水中へ侵入する雨滴まわりの流れの様子

【関連トピックス】

基礎編 16，発展編 5，発展編 13

エアーカーテンってどんなもの？

お店によってはドアが閉まっていないところがあるけど，あれってエアコンが効かないのではないでしょうか？

エアーカーテンによって，ドアを閉めているのと同じような効果が得られているんだよ．

さらに解説

例えば，夏場にエアコンで室内を冷やす場合をイメージしてみよう．最近はウイルス感染防止対策によって積極的な換気が推奨されているが，室内温度の観点からいえば，室内を締め切った方が効率的に温度を下げられる．これは，室内と室外といった温度差のある物質（空気）があり，両者が接しているとき，ドアや窓が開いていると，熱は必ず高温側から低温側の物質に伝わる性質があるため，室外の暖かい空気は冷やされ（実際には室外の空気は無限に存在するため，室外の空気はほとんど冷えませんが・・・），逆に，室内の冷たい空気は暖められてしまう．したがって，お客さんが頻繁に訪れるお店などでは，出入口が頻繁に開け閉めされてしまうので，エアコンの効率という意味では非常によくない環境ということになる．エアコンの効率が悪いということは，同じ温度まで冷やすためには，余計なエネルギー（電気）が必要であるともいえる．かかる電気代もさることながら，昨今の環境問題を考えると，エアコンの高効率化は非常に重要な工業的課題といえる．したがって，ドアを開けたままにしておいてもエアコンを効率的に運用できる方法はないものか？と考えられたのがエアーカーテンである[1)]．図1にエアーカーテンのイラストを示す．

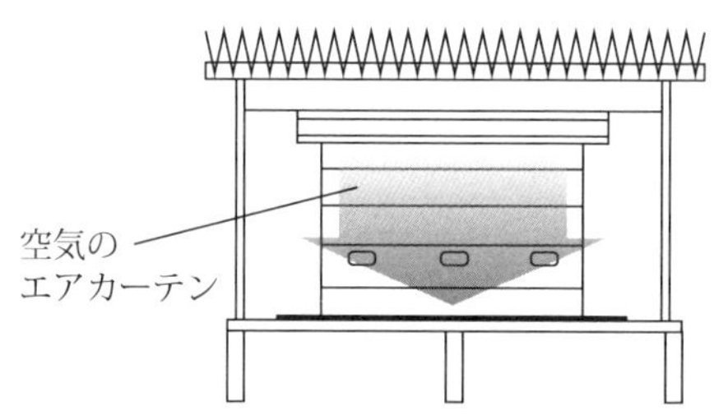

図1　冷凍倉庫の入口を覆うエアカーテン

エアーカーテンは1900年代初頭にアメリカで発明されたといわれている．この原理は非常にシンプルで，空気を強く吹き出すことでシート状の目に見えない空気の壁（空気層）をつくり出すというものである．空気はドアより柔らかいので，さしずめ空気の壁というよりは空気のカーテン，すなわち，エアーカーテンができる．空気のカーテンなので，もちろん人は簡単に出入りすることができる．一方で，このエアーカーテンは熱を伝える空気の移動（熱対流）は遮断する．そのため，例えば，室内を冷房で冷やす場合，冷たい空気は室内にとどまり，屋外の暖かい空気は室内には入ってくることはない．その結果，室外側からの熱の移動が，エアーカーテンがない場合と比べて相当量低減されるので，室内を効率的に冷やすことができる．では，実際にエアーカーテンがどのようなものか，イメージ図で見てみよう．図2は夏の暑い時期に室内を冷房で冷やしているイメージである．図2に示すように，室内と室外がドアで仕切られていれば，当然，室内は冷気で充満し，室外の暖かい空気は室内には入ってこない．しかしながら，ドアを開けないと室内には人は入れないし，ドアを開けたままにしておくと，その瞬間，次の図3のように室外側の暖かい空気は室内に入りこみ，逆に室内側の冷たい空気は室外へ出て行ってしまう．もちろんこまめに開け閉めをすればよいのだが，人の出入りが頻繁に発生する場合は難しくなる．この様子は皆さんも日常生活でよく実感されていることと思う．そこでエアーカーテンの登場だ．図4のように本来はドアを設置する箇所へ上（もしくは横）から薄いシート状の空気を強く吹き出してくるようにする．空気（流体）には粘性という性質があり，その強い流れは近くの空気を巻きこみながら流れる．室内側の空気も室外側の空気もシート状に強い流れに巻きこまれて，一緒に流れる（図4では下向きに流れる）．その流れも，さらにその近くの空気を巻きこんで流れていく．その結果，このシート状の空気の流れを横切る室内側，室外側の流れはなくなってしまう．すなわち，この強い流れが目に見えない空気や微粒子にとってカーテンの役割を果たす．これがエアーカーテンの原理である．

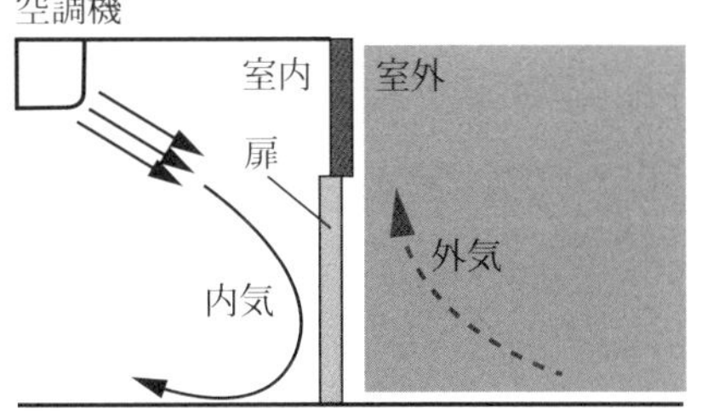

図2　締め切った部屋における冷房のイメージ

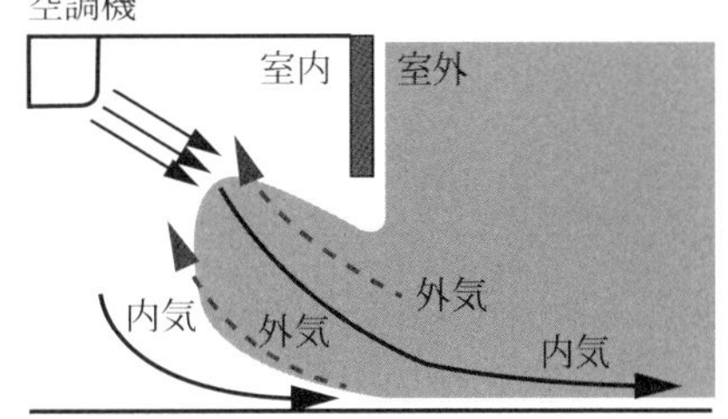

図3　ドア解放時の空気流入・流出イメージ

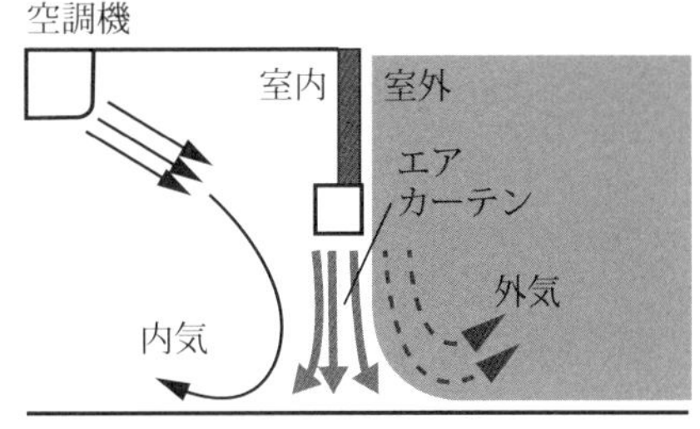

図4　エアーカーテンが設置された場合のイメージ

一般にエアーカーテンで吹き出す速度は，もちろんその開口部（ドア）の大きさにもよるが，およそ10 m/s（時速36 km）程度とされている．また，エアーカーテンはエアコンの効率的運用のためだけではなく，例えば，喫煙所のたばこの煙を遮断したり，室内への虫やにおいなどの侵入を防いだりなど，様々な利用方法がある．上述したが，エアコンが効率的に運用できるということは少ないエネルギーで室内を冷やすことができる(暖めることができる)ということである．これは昨今のエネルギー問題を考えるうえで非常に重要なことである．快適な生活を維持したうえで，持続可能な社会を実現するためには，エネルギーの効率的利用は必要不可欠な課題である．

みなさんも，お店の入口や冷蔵庫などでドアが開けっぱなしのところがあれば，エアーカーテンが出ているか，実際に見てみよう．そして，目には見えない熱や空気の移動をイメージしてしよう．

参考文献

1）日立産機システムホームページ：日立エアカーテン，
https://library.hitachi-ies.co.jp/assets/pdf/SF-146X.pdf.

変化球の正体とは？

Q ボールが曲がるのはなぜですか？　野球でも，変化球のカーブはなぜ曲がるのか気になります．

A ボールに当たる気流と，ボールの回転で起こる流れが衝突するところでは圧力は高くなる．逆に，気流と回転による流れの向きが同じところでは圧力が小さくなる．この圧力差によってボールは曲がるよ．

さらに解説

回転しながら飛ぶボールは，回転と同じ向き（左回転なら左，右回転なら右）に曲がる性質がある．野球の右投手がカーブやスライダーを投げたとき，上から見るとボールは左回りに回転しており，左方向，つまり右打者にとってアウトコースの方向に曲がる．サッカーのフリーキックの際，ボールがカーブするのも同じ原理である．また，テニスや卓球をしたことのある人は，ドライブ回転（前進回転）をかけるとボールが勢いよく下向きに落ちることや，逆にスライス回転をかけたボールが浮き上がるような軌道となることを経験したことがあると思う．回転するボールが曲がる現象は流体力学によって説明することができ，マグナス（Magnus）効果と呼ばれている．

■ マグナス効果によってボールが曲がる理由

図１は，上から見て左回転するボールと，ボールが飛ぶときに当たる風の流れを模式的に表したもので，野球の右投手が図の右方向からカーブ

を投げたときに相当する．この現象は，詳しくは流体力学のベルヌーイの定理を用いた解析が必要だが，ここでは理解しやすいよう，直感的な説明を行うことにする．図のボールの上側と下側を見ると，上側では回転方向と風の向きが逆で，下側は同じ向きになることがわかる．回転によっても流れは引き起こされるので，上側では風と衝突して速度が小さくなり，圧力が高くなることが想像される．その結果，ボールの上下で圧力差が生じ，ボールは下方向に曲がることになる．

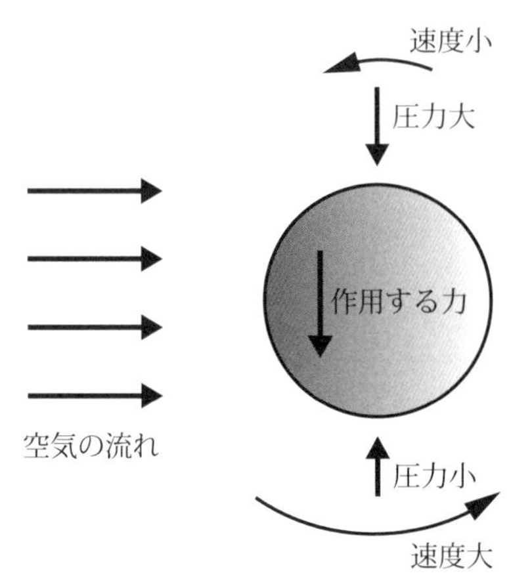

図１　ボールに作用する力

■ ベルヌーイの定理の説明

参考までに，ベルヌーイの定理についても簡単に触れておこう．重力が作用するときの質点の運動において，質点の運動エネルギーと重力ポテンシャルエネルギーの和が一定に保たれることを学んだと思う．流体力学では，これらに加えて圧力を一種のエネルギーとみなすことができ，運動エネルギー，ポテンシャルエネルギーと圧力のエネルギーの和が，流れに沿って一定に保たれる．これをベルヌーイの定理と呼んでいる．高さに関係するポテンシャルエネルギーを考えないことにすれば，ベルヌーイの定理により流れに沿って流速が遅い場所では圧力が高く，速い場所では圧力は低くなる．その結果，図１のボールの上下に圧力差が生じることになる．

■ マグナス効果の工業的応用例

マグナス効果を工業的に応用した例を紹介しよう．図2は，マグナス風車の原理図である．風車の羽根の代わりに円筒が取りつけられており，各々の円筒はモータにより回転運動が与えられている（図の例では風車の軸位置から見て反時計回り）．この風車に手前から紙面を貫く方向に風が当たると，各円筒にはマグナス効果により風車全体を反時計回りに回転させる力が発生する．例として図中の風車の上側①の円筒を考えてみよう．円筒の右側は回転方向と風が衝突する結果，圧力が高くなり，左向きの力が発生する．これらの力により風車が回転し，円筒を回転させる電力との差の分の発電が可能となる．マグナス風車の特長として，円筒の回転数により風車の回転を制御できること，通常の風車よりも構造が単純で低騒音であることが挙げられる．現在，いくつかの企業や大学によって開発が進められている．

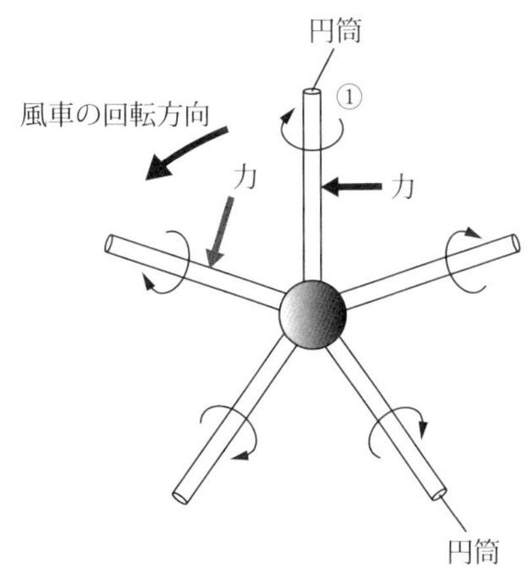

図2　マグナス風車の原理

【関連トピックス】

基礎編 14，発展編 14，発展編 16，発展編 18，発展編 20

レーシングカーはなぜ速いの？

普通の乗用車に比べて，レーシングカーが速く走れるのはなぜでしょうか？

それは空気の力を利用しているから速いんだよ．

さらに解説

自動車はエンジンの力でタイヤを回して走る．最近はエンジンだけではなくモータの力で走る，いわゆる電気自動車も普及してきたが，ここではモータも含めて，便宜上，単にエンジンと表現する．さて，自動車はエンジンの出力で前に進むわけであるが，自動車が一定速度で走り続けるためにはエンジンの力が，自動車に作用する各種抵抗力に打ち勝つ必要がある．自動車が走行する際に生じる抵抗力であるが，転がり抵抗，勾配抵抗，加速抵抗，それと空気抵抗の四つが存在する．これらの力以上の出力をエンジンが出さないと，車は走行を続けることができない．したがって，より速く，より効率的に自動車を走らせるには，出力の大きなエンジンを用いるか，上述した四つの抵抗を減らすことが必要である．

ここで，この四つの抵抗力を簡単に説明する．勾配抵抗は坂道を登るときの抵抗である．当然のことであるが，上り坂を走行する際は大きな出力が必要であり，下り坂を走行する際は，逆にマイナスの抵抗，すなわち加速力となって，どんどん車は加速していく．また，平坦な道では無視できる．加速抵抗は加速時に生じる抵抗であり，一定速度で走行する場合には無視できる．したがって，大雑把にいうと，同じエンジンの力でも，転がり抵抗と空気抵抗を減らせば，自動車はより速く走ることができることになる．転がり抵抗と空気抵抗であるが，自動車の場合，およそ時速 60 km で両抵抗は等しく，時速 100 km では総抵抗のうち，およそ 8 割が空気抵抗となるといわれている．決められたエンジン（の出力）によってより速く走るレーシングカーでは，空気抵抗をいかに減らすかが重要なカギになる．なお，実際にはレーシングカーでも，直線を速く走る目的のレーシングカーと，コーナーを速く走る目的のレーシングカーでは空気抵抗に関する考え方が若干異なる．具体的にいうと，直線を速く走るために空気抵抗を限りなく減らすことに重点をおいてレーシングカーを設計するのか，もしくは，車のタイヤがしっかり地面を押さえるように（横滑りしないように），ダウンフォースと呼ばれる下向きの力を大きくすることを重視し，空気抵抗はある程度犠牲にしながら設計するのか，という違いがある[1)]．ここでは，空気抵抗の低減という観点から，直線を効率的に，かつ，速く走る目的のレーシングカーについて記述する．このようなレーシングカーの典型的な例に競技用ソーラーカーがある[2)]．競技用ソーラーカーは一般の人にはなじみがないかもしれないが，日本国内では 1980 年頃から各地で競技が行われている．ソーラーカーは文字通り，太陽のエネルギーで走行する自動車である．しかし，ソーラーカーは一般的な自動車とは異なり，圧倒的にエンジン（正しくはモータ）のパワーがない．ソーラーカーにもよるが，モータの出力は数キロワット（数馬力）程度が一般的である．いわゆる，街中を走っている原付よりも出力は少ないことになる．一方で自動車の場合，軽自動車でも 40 キロワット（54 馬力）程度の出力がある．当然のことであるが，レーシングカーのエンジンではそれをはるかに超える出力を発生する．しかしながら，原付より非力なソーラーカーでも直線では時速 100 km を超える速度を出すことができる．その理由は，圧倒的に空気抵抗が少ないからである．逆に言うと，空気抵抗が小さいと，低いエンジン出力，すなわち小さいエネルギーで効率的に走行することができるともいえる．実際の競技用ソーラーカーの一例を図1に示す．見ての通り，非常に薄い車体構造をしている．さらに，その車体断面形状は流線形状をしている．これがポイントで，図2に示すソーラーカーまわりの流れ場の流体解析結果の一例を見るとわかるように，ソーラーカーのまわりを流れる空気は車体で乱されることなく，車体後方までとてもスムーズに流れている．また，自動車ではタイヤは必要不可欠なものであるが，実はタイヤのような回転する物体の空気抵抗は非常に大きくなる．ソーラーカーではタイヤをカバーで覆うことで，できる限り空気の流れを乱さないようにしている．以前には一部の市販車でも後輪を覆うようなカバーがついている自動車が市販されていたが，その整備性の関係からか，最近ではほとんど見ることができない．空気抵抗をできる限り減らすような様々な工夫によって，ソーラーカーは通常の自動車，もしくは一般的なレーシングカーに比べて極めて空気抵抗が小さな乗り物となっている．

図1　ソーラーカーの例

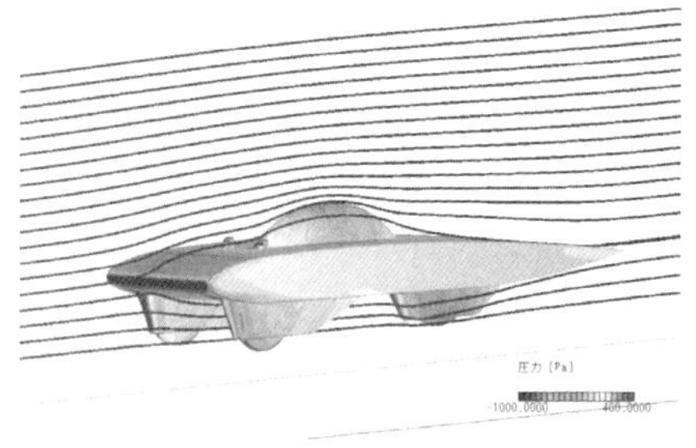

図2　ソーラーカーまわりの流れの例

空気抵抗は $D=C_{\mathrm{D}}A\frac{1}{2}\rho V^2$ という式で表される．ここで，D は空気抵抗，ρ は空気密度である．また，V は自動車（もしくは空気）の速度，A

は自動車を前から見た面積（前面投影面積という）である．最後に，C_D であるが，これが空気抵抗係数と呼ばれるものであり，同じ速度 V と同じ面積 A で比較した場合，この数値が小さければ小さいほど空気抵抗が小さくなる．一般的な自動車の空気抵抗係数であるが，例えば，空気抵抗が大きいイメージのあるトラックの場合，もちろん車種にもよるが，0.9 程度といわれている．一方，低燃費，すなわち，非常に効率よく走行することで知られるトヨタ自動車のプリウスの C_D 値は 3 代目プリウスでは 0.25 とされている[3)]．図 3 にプリウスに代表される C_D 値の小さな自動車まわりの流れの様子を示す．では，競技用ソーラーカーの場合はどれくらいかというと，図 1 のような一般的なソーラーカーの形状ではなんと，0.1 程度となる．ほかの自動車の C_D 値と比較すると，いかに競技用ソーラーカーの空気抵抗係数，すなわち空気抵抗が小さいかが理解できたかと思う．

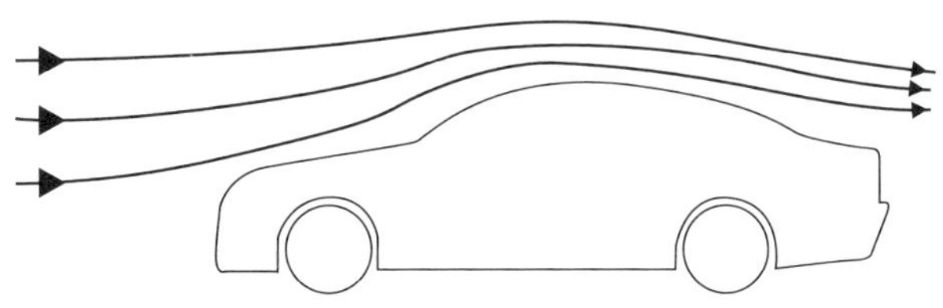

図 3　自動車まわりの流れの様子

このように，レーシングカーの世界では，ソーラーカーだけでなくレーシングカー全般の話として，設計者が日々，空気の力をどうやってうまく利用するかを考えながら設計を行っている．レーシングカーの設計というのは，空気の流れをどうやってコントロールするのかという開発競争という側面もある．もちろんレーシングカーには空気の流れ以外にも重要な要素がたくさんあるが，空気の流れにざっくり的を絞っていってしまえば，空気の流れを制する者は競技を制するともいえる．

もちろん，このような競技から得られた空力（空気力学）技術はなにもレーシングカーだけのものではなく，市販車にもフィードバックされている．皆さんも，レーシングカーは特別な車なので普段の生活には関係ないよ，というのではなく，街を走る自動車を見る際に，「あれ？　この車の空気の流れはどうなっているのかな？」などと考えながら見てもらえれば，普段の生活から新たな空気抵抗低減技術のアイデアが生まれ，そのアイデアによって，より環境にやさしい自動車が生まれるかもしれない．

参考文献

1）東大輔，自動車空力デザイン，三樹書房．

2）荒賀浩一，池田州，中西弘一，村田圭治：近大高専ソーラーカーの流体解析－2017 年型車体の姿勢変化について－，近畿大学工業高等専門学校研究紀要（13），（2019），pp.1-4.

3）トヨタ自動車ホームページ，3代目プリウス：https://global.toyota/jp/prius20th/evolution/3rd/.

【関連トピックス】

基礎編 1，基礎編 3，発展編 4，発展編 17，発展編 18

1円玉は水に浮くの？

1円玉はなぜ水面に浮くのですか？　軽いからですか？

水の表面張力と浮力の合わせ技で浮くことができるのだよ．

さらに解説

1円玉や針をそっと液面に置くと，図1のように浮かべることができる．アルミニウムの密度は水の約2.7倍，鉄は約7.8倍である．単純に比重を考えると，1円玉も針も水に沈むのが自然である．これらの金属が浮くためには，まず表面が水を弾く(濡れない)ことが必要条件となる．1円玉や針が浮くためには，手の油や酸化などによる表面の汚れにより，まず濡れないことが大事である．実際，1円玉を洗剤でよく洗うと，水に浮かべることはできない．

図1　コップの水表面に浮いた1円玉

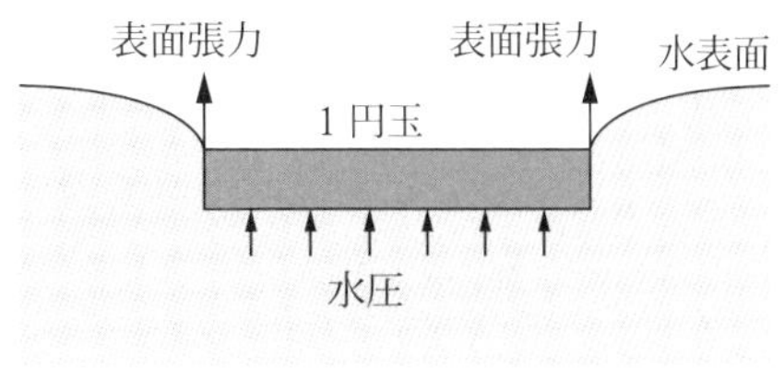

図2　1円玉に作用する力の摸式図

図2は，1円玉が浮いていると

きの模式図である．水表面の先端は，図のように1円玉の角のところに引っかかっていると考えられる．このとき，水表面は自分の面積を小さくするよう，1円玉を図のように上向きに引っ張る．また，水の中は静止水面から深くなるほど圧力が上昇するので，1円玉の下面には水圧による浮力が作用することになる．結論を言えば，これらの力によって，1円玉にかかる重力とつり合い，水面に浮くことができる．皆さんは表面張力ということばにはなじみがあり，例えばコップに盛り上がるほど水を入れてもこぼれないとか，昆虫のアメンボが水面を滑走できるのは表面張力のためであることは知っていると思う．しかし，実際に表面張力がどのように作用しているのか，案外知られていない．ここでは，まず表面張力について簡単に説明しよう．

図3のような実験を考えてみよう．針金でつくった枠(右側の枠は動くことが可能)を石けん水の中に入れて引き上げると，図3(a)のように枠内に石けん膜がつくられる．このとき，右側の枠には，石けん膜の表面を小さくするよう，左向きに表面張力が作用する．表面張力の大きさは微小であるが，可動枠につり合う力を加えないと枠は左方向に動いてしまう．図3(b)は，もう少し詳しい説明を行ったものである．膜上に仮想的に細い棒(楊枝など)があると考えよう．このとき棒両側の表面の面積を小さくするよう，互いに引っ張り合う力(表面張力)が棒に作用する．正確にいうと，線分に対し垂直で，表面に沿った方向に表面張力が作用する，表面張力は，単位長さ当たりの力として定義されている．水の場合，長さ当たりに作用する表面張力は0.07 N/m程度である．ここでN(ニュートン)は力の単位で，1 kgの物体に働く重力は9.8 Nである．我々人間の感覚からは表面張力は大した力ではないが，アメンボなどの昆虫ではこの力が彼らの死活問題となる．表面張力が線分に対して垂直方向に作用することを視覚的に理解するため，図3(c)の実験を考えよう．針金の枠内に糸

くずなどでつくった輪を浮かべ，そのまま石けん水から引き上げると，石けん膜内に輪がトラップされた状態をつくることができる．針で輪の中の膜を破ると，輪周囲に表面張力が垂直方向に作用するため，図のようにきれいな円形となる．円周の各位置で表面張力が垂直方向を向いていることを理解してほしい．

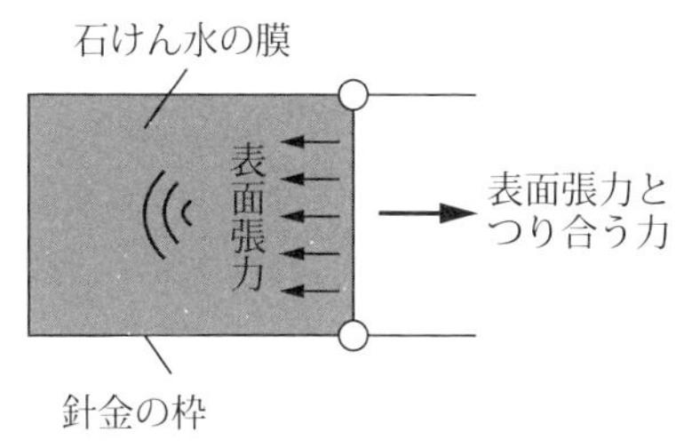

(a) 石けん膜に作用する表面張力

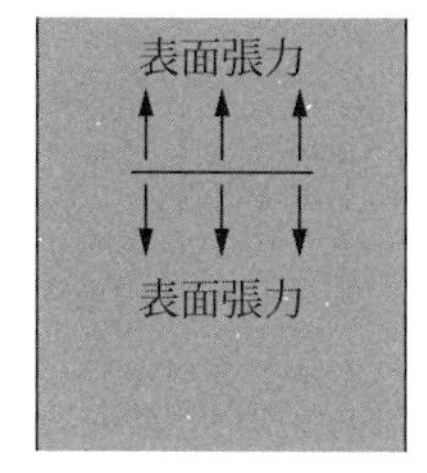

(b) 表面内線分に作用する表面張力

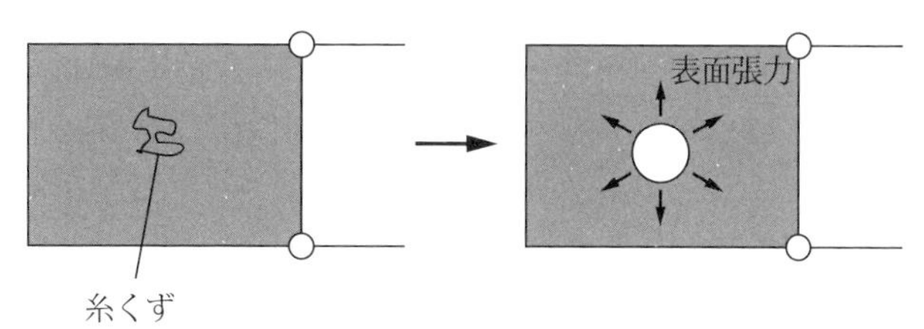

(c) 糸くずに作用する表面張力

図 3　表面張力

それでは，図２の１円玉の問題に戻ろう．上記から，１円玉の周囲には図のような上向きの表面張力が作用することがわかる．図 3(c)の状況と似ているが，図２では液面が凹んでいるので，表面に沿った上向きの力が現れる．詳しくいえば，表面張力は１円玉周囲に垂直方向に働き，かつ水表面に沿う方向として，図２のような上向きの力となる．なお，ここでは簡単のため力を鉛直上向きとしているが，１円玉と水表面との接触状況に応じて，表面張力が斜め上方を向く場合もある．さて，1円玉が浮くためには，表面張力の働きに加え，1円玉に接する水表面が凹んでいることが大事になる．皆さんは，水中では深さに比例して水圧が大きくなることは知っていると思う．ある深さにおける水圧は，それより上にある水の重力を支える力として発生する．このことから，圧力は水深に比例して大きくなることが理解される（「基礎編10」参照）．具体的には，（水の密度）×（重力加速度）×（深さ）が水圧となる．圧力は面積当たりの力なので，この水圧に1円玉の面積を掛けたものが上向きの力（浮力）として作用する．以上をざっくり理解したうえで，ちょっと面倒だが，1円玉にかかる上向きの力と，1円玉の重力とのつり合いを具体的に調べてみよう．面倒な人は最後の段落まで，以下を読み飛ばしていただいても構わない．

上述したように，長さ当たりの水の表面張力は0.07 N/m程度である．1円玉の半径は1 cmなので，1円玉の周囲に作用する表面張力は，上の議論より以下のようになる．

$$0.07\ \mathrm{N/m} \times 2\pi \times 0.01\ \mathrm{m} = 0.0044\ \mathrm{N}$$

次に，1円玉に作用する重力（$=mg$：mは質量，$g=9.8\ \mathrm{m/s^2}$は重力加速度）を求めてみよう．1円玉は厚さ約1.2 mm，アルミニウムの密度は2.7 g/cm^{3}である．1円玉の体積に密度を掛けて質量を求めると，$0.12 \times \pi \times 1 \times 1 \times 2.7 = 1$ gとなる．したがって，下向きの重力は，

$$0.001\ \mathrm{kg} \times 9.8\ \mathrm{m/s^2} = 0.0098\ \mathrm{N}$$

となる．表面張力だけでは，1円玉の重力の半分以下しか支えられないことがわかる．次に，1円玉下面にかかる圧力の力は，水の密度が1000 kg/m^{3}なので，

$$1000 \times 9.8 \times 深さ \times \pi \times (0.01)^2 = 3.1 \times 深さ\ [\mathrm{N}]$$

表面張力と水圧の合計が１円玉の重力につり合うことを考えると，１円玉が水に浮いているとき，１円玉下面の深さは，

$$深さ = (0.0098 - 0.0044)/3.1 = 0.0017\ \mathrm{m} = 1.7\ \mathrm{mm}$$

となる．１円玉の厚みが 1.2 mm なので，この場合の水表面の凹みは 0.5 mm 程度となる．話が高度になるので説明を省くが，水の表面の変形にはある程度の自由度があり，最大で 4 mm 程度まで凹むことができる．半径１ cm の１円玉では水の変形にまだ余裕があり，もう少し重いものでも浮かべることが可能である．上の計算手順が理解できる人は，寸法が違う場合や密度が違うほかの金属で，水はどのくらいまでものを浮かべさせることができるか計算して，実際に試してみるのもおもしろいと思う．

結論として，水より密度の大きい１円玉が水に浮くのは，水を弾くように表面が汚れていることを前提として，水の表面張力と１円玉下面に作用する圧力の共同作業によるものである．

【関連トピックス】

発展編 6

滝つぼの中はどうなっているの？

滝つぼに空気が巻きこまれているのはなぜでしょうか？

滝の水流が水面に侵入するとき，空気も一緒に引き連れて侵入するんだ．滝つぼに見られる白泡（無数の気泡）は，この空気によるものだよ．

さらに解説

川遊びをしているとき，滝つぼの中に巻きこまれると脱出が困難になるという話を聞いたことがある人も多いのではないだろうか．滝つぼの中の流れの様子は，図1のようになっている[1)]．滝つぼの中では，下向きの流れと上向きの流れが対流（循環という）しており，いったん循環流れに巻きこまれてしまうと，水面に浮上してはまた水中に引きこまれるという繰り返しになってしまい，脱出困難な状況に陥ってしまう．水難事故で，「浮いたり沈んだりしながら姿が見えなくなった」というのは，この対流に巻きこまれているからである．

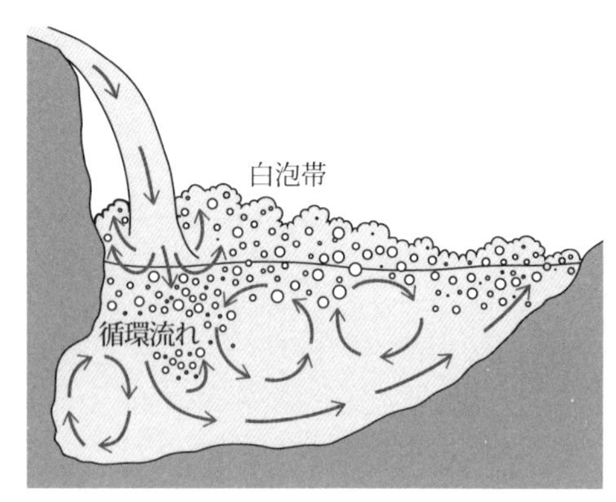

図1　滝つぼ内の流れの構造

滝つぼの水面近くでは，空気を多く含んで泡立った「白泡帯（ホワイトウォーター）」が発生する．白泡帯には 40 %から 60 %の空気が含まれていることから浮力は小さく，救命胴衣を着用していなければ，流れの慣性力によって水中深くまで引きこまれてしまい，浮上することはできない．川で遊泳中に起こる溺死はこのようにして起こっている[1)]．滝に落ちた場合，浮き上がろうとせず，底へ潜って滝つぼの底に沿って泳ぎ，岸に上がらなくてはならない．

それではホワイトウォーターの実体である気泡はどのようにして水中に取りこまれるのだろうか？　図 2 と図 3 は，水噴流を滝に見立て，水面に水噴流が衝突するとき水中に巻きこまれる空気の様子を高速度カメラで撮影した画像である．図 2 はその流量 Q_L（1 秒間当たりに吹きこまれる水の体積のこと）が小さい場合，図 3 は流量 Q_L が大きい場合の結果になる．図 2 のように水噴流の流量 Q_L が小さい場合，水噴流が水中に貫入した瞬間，水柱の側面で気泡が生成している様子が観察できる．このようにして巻きこまれた空気によって生成される気泡は微細なものとなる．一方，図 3 のように水噴流の流量 Q_L が大きい場合，水噴流の内部が乱れた状態になってしまい，その乱れの影響によって空気は水中に巻きこまれる．このとき，水中に巻きこまれる空気の量は非常に多く，それゆえ生成される気泡は大きなものから，それらが崩壊して新たに形成された微細気泡群まで多様な気泡が生成される[2)]．滝つぼで見られる白泡帯を形成している気泡群は，図 3 のスケールを大きくしたものと考えられるだろう．

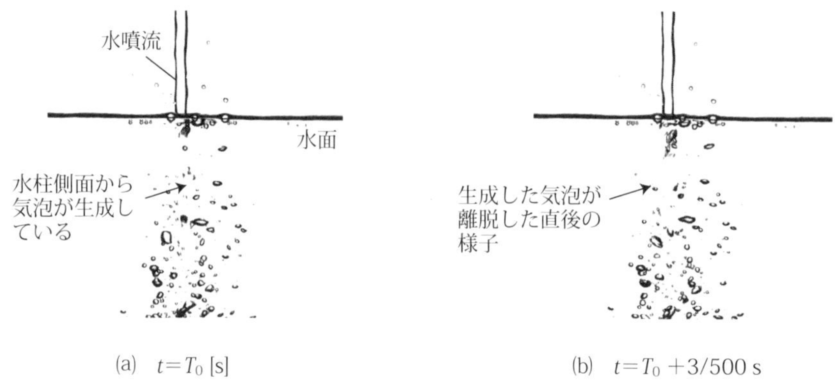

図 2　下向きの水噴流が水面を貫入する様子（水噴流の流量が小さい場合）．微細気泡群の生成が観察できる．

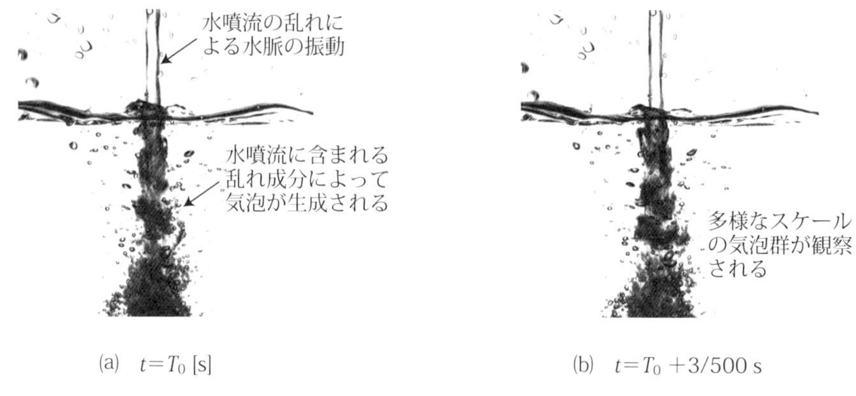

図 3　下向きの水噴流が水面を貫入する様子（水噴流の流量が大きい場合）．大きな気泡から微細気泡まで多様な種類の気泡群の生成が観察できる．

参考文献

1）滝つぼに飛び込むのは危険．滝つぼの危険な構造を知ろう（https://sumai.masajimu.jp/suinanjiko2/）（閲覧日：2021 年 12 月 25 日）．

2）社河内敏彦：噴流工学－基礎と応用－，森北出版，（2004），p.171-175.

【関連トピックス】

基礎編 11，発展編 13

コウテイペンギンは飛べないのに，高いところへジャンプできるのはなぜなの？

コウテイペンギンは飛べないのに，なぜ水面から3mもの高い氷の上へジャンプできるのでしょうか？

ボールを投げ上げるときのように，大きな速度で海面から飛び出すからだよ．

さらに解説

ペンギンにはアデリーペンギン，ヒゲペンギン，ジェンツーペンギン，コウテイペンギン，オウサマペンギン，トビペンギン，フンボルトペンギンなど18種類が知られており，すべて南極を含む南半球で生息している[1)]．ペンギンの翼は潜水用に特化しており，空を飛ぶことはできない．南極で暮らすのはアデリーペンギンとコウテイペンギン（1844年に世界で最初に発見）の2種類（図1(a)，(b)）が主であったが，最近ではオウサマペンギン（1775年に世界で最初に発見），ヒゲペンギンおよびジェンツーペンギンなども増えている．表1に示すようにアデリーペンギンとコウテイペンギンの平均体重はそれぞれ4.7 kgと30 kgである[2)]．コウテイペンギンはペンギンの中で最も大きい．潜水深度と

(a) コウテイペンギン

(b) アデリーペンギン

図1 コウテイペンギンとアデリーペンギン

潜水時間のデータは精密な小型データロガーを用いて得られたものである．データロガーとは速度計，加速度計，圧力計(深度計)，ビデオカメラなどを備えた計器であり，動物の身体に取りつけることができるようになっている．最近のデータロガーの進歩には驚くべきものがあって，動物に余計な負荷を掛けないように自動的に外れるようになっている．観察結果によると，コウテイペンギンは平均でも371 mの深さまで潜り，平均3.5分(210秒)も採餌活動を行うことができるという[2)]．

表1　コウテイペンギンとアデリーペンギンの潜水採餌活動

種類	体重 [kg]	身長 [cm]	最大潜水深度 [m]	最長潜水時間 [分]	平均潜水深度 [m]	平均潜水時間 [分]	遊泳速度 km/h [m/s]
コウテイペンギン	30 (20～40)	112	564	15.8	371	3.5	3.2～9.0 (0.89～2.5)
アデリーペンギン	4.7 (3.6～8.1)	71	180	4	20.3	1.45	3.6～7.2 (1.0～2.0)

コウテイペンギンをはじめとする潜水性鳥類は潜る前に後方気のうに空気を貯めるようにしている．潜水中に気のう中の酸素のうち使用可能な分がなくなると，血液や筋肉中の酸素も用いる．さらに，潜水中の酸素の消費量を減らすために，心拍数を下げる(徐脈という)とともに，血流調整を行い，代謝速度を小さくするだけでなく身体の表面近傍の体温も下げている．血流調整とは脳とか泳ぐために必要な個所など重要なところ以外への血流を少なくすることである．

ペンギンの場合，羽毛の中にも身体の質量1 kg当たり2.3×10^{-4} m^3 (0.23リットル)の空気が含まれている[4)]．定着氷上にいる30 kgのコウテイペンギンの場合には6.9リットルの空気が羽毛中に存在することになる．羽毛中空気の大きな役割の一つは身体の保温である．北海道をはじめ寒い地方では二重窓にして二つのガラス窓の間に空気を入れ，部屋の中の熱が外へ逃げないように工夫している．空気は熱を伝えにくいので，羽毛中に空気があるとコウテイペンギンの体の熱が奪われにくくなる．ほかの役割は潜水中に浮力を生じさせることである．潜航する際には，浮力に逆らって潜らないといけないので，浮力は負の効果すなわち潜航を邪魔する効果を有するが，浮上する際には助けとなる．海中では 10 m 潜ると圧力は約 1 気圧だけ高くなる．空気中と海中の温度が等しいとすれば，深度 10 m では羽毛中空気の体積は 6.9 リットルの半分になる．深度が 371 m になると圧力は約 38 気圧になるから，羽毛中空気の体積は約 0.18 (＝6.9/38) リットルとなり，浮力は非常に小さくなる．したがって，浮力が大きな役割を果たすのは海面近くの浅いところである．なお，羽毛中空気の層が圧縮されることによって薄くなると，熱を奪われやすくなる．もう一つの非常に重要な役割は羽毛の表面から多数の気泡を放出することによって流動抵抗を小さくすることである．コウテイペンギンが高速度で海面から飛び出して 3 m もある定着氷上へ飛び上がることができるのは，気泡放出による流動抵抗低減のおかげである．詳細について以下に述べる．

ペンギンは，上述のようにフリッパーと呼ばれる翼を用いて羽ばたき潜水を行う[3]．飼育したコウテイペンギンやアデリーペンギンを用いた水槽実験によると，遊泳速度 v の平均値は 2 種類のペンギンともに 1.5 m/s 程度である．ほかのペンギンの遊泳速度もほぼ 1.5 m/s であり，ペンギンにとって消費エネルギーが少なくて済む効率的な遊泳速度であるといわれている[2]．

コウテイペンギンは定着氷上で休息や子育てをしている．潜水して餌をとったコウテイペンギンは海面へ戻ってくるが，近くには陸地ではなく表面のほぼ平坦な定着氷が控えており，飛び上がって氷上に到達しなくてはならない(図2)．環境省によれば，定着氷とは流氷ではなく，海岸にくっついている氷のことであり，海水が凍って固まるか，流氷が海岸にくっつくことででき，定着氷の幅は，海岸から数 m から数百 km にもなるという．厚さが2m 以上の定着氷は棚氷（たなごおり）といわれる．海面から氷上までは 3 m に達することもあり，ロケットのように飛び出してきて腹から着氷するが，いつもうまく飛び上がることができるわけではないという[1)]．

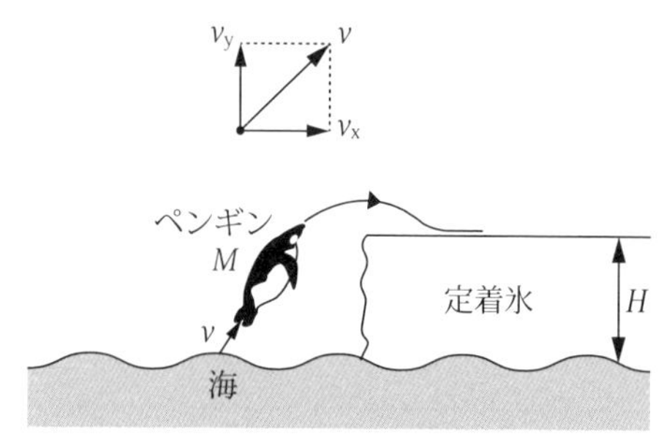

図2　定着氷上へ飛び上がるコウテイペンギン

物理の授業で習ったように，ボールを投げ上げたとき，ボールの到達する最大高さ H [m] は速度 v の鉛直方向上向き成分 v_y が大きいほど大きくなる．コウテイペンギンが飛び上がる場合も同じである．コウテイペンギンが海面を出るときにもっている運動エネルギーが位置エネルギーに変わると考えて，定着氷に飛び上がるために必要な速度 v_y を求めてみよう．運動エネルギーは $(1/2)\,Mv_y{}^2$，位置エネルギーは MgH で与えられるから，両者が等しいと置くとするならば，定着氷の高さ H と速度 v_y の関係は次のようになる．

$$\frac{1}{2}Mv_y{}^2 = MgH \tag{1}$$

ここで，式(1)の左辺は運動エネルギー，右辺は位置エネルギーであり，M はコウテイペンギンの質量 [kg]，g は重力加速度（$= 9.8\ \mathrm{m/s^2}$）である．式(1)を変形すると定着氷の表面に達するために必要な速度 v_y は次のようになる．

$$v_{\mathrm{y}} = \sqrt{2gH} \tag{2}$$

例えば，$H = 1$ m だけ飛び上がる場合を考えてみよう．式(2)に $H = 1$ m を代入すれば，

$$v_{\mathrm{y}} = \sqrt{2gH} = \sqrt{2 \times 9.8 \times 1} = \sqrt{19.6} = 4.4 \text{ m/s} \tag{3}$$

となる．$H = 2$，3 m の場合にはそれぞれ $v_{\mathrm{y}} = 6.3$ m/s，7.7 m/s となる．もちろん，鉛直方向上向きに飛び上がったのでは，定着氷の表面に到達することはできず，元の海面へ戻ってくるだけである．したがって，定着氷の表面に到達するには v_{y} よりも大きな速度で斜め上方に向かって飛び出さなければならない．

遊泳速度はほぼ 1.5 m/s であるから，いつものように泳いでいたのでは 10 cm 程度しか飛び上がることができない．そこで，コウテイペンギンはフリッパーを高速で動かして速度を大きくしようとするが，海水は粘性を有しているのでコウテイペンギンが泳ぐと必ず抵抗（流動抵抗）が生じる．自転車に乗っているときを思い出してほしい．自転車の速度が小さい場合はあまり気にならないが，速度を上げるほど進行を妨げる空気の存在に気づいた経験があるであろう．なお，粘性とは海水や空気などの流体を動かそうとすると，素直に動かず抵抗する性質のことである．

物体が動けば必ず流動抵抗 F_{D} [N] が生じる．流動抵抗 F_{D} は流体の密度，流体の速度の 2 乗，そして物体の進行方向から物体を見たときの物体の面積（投影面積）に比例することがわかっている．もちろん，コウテイペンギンの場合にも流動抵抗 F_{D} が生じ，遊泳速度 v との間に次の関係が成り立つ．

$$F_{\mathrm{D}} = C_{\mathrm{D}} A_{\mathrm{p}} \frac{1}{2} \rho_{\mathrm{L}} v^2 \tag{4}$$

ここで，C_D は抵抗係数 [-]，A_p は投影面積 $[m^2]$（泳いでいるコウテイペンギンを正面から見たときの面積），ρ_L は海水の密度（＝1025～1030 kg/m^3）である．流動抵抗は速度 v の 2 乗に比例するので，速度が 2 倍になれば 4 倍，5 倍になれば 25 倍にもなる．したがって，高速で動くことは容易ではない．もちろん抵抗係数が小さいほど速く泳ぐことができる．

抵抗係数について，なじみがないと思われるので，少し説明をしておこう．新車を買うときには車の性能が気になる．誰もが着目する性能は 1 km 当たりの燃料消費量であるが，最高速度を気にする人もいる．これらの性能を左右するのが式(4)の流動抵抗であり，抵抗係数 C_D の値は小さいほどよい．一般車の抵抗係数は $C_D = 0.2～0.4$ である（「基礎編 14」参照）．カタログに C_D（シーディー）値と表記して載っているので目を通してほしい．ボールのような球形物体が場合には C_D 値はおよそ 0.4 である．コウテイペンギンが通常の速度であるおよそ 1.5 m/s で泳いでいる場合の抵抗係数はもう一桁小さくて C_D 値はおよそ 0.04 であるといわれているが，速度がもっと大きくなったときの値はまだよくわかっていない．

コウテイペンギンをはじめ潜水性の動物は様々な方策を講じて抵抗係数を小さくしようとしているが，Davenport ら[5)]は定着氷上に飛び上がる前のコウテイペンギンを観察し，興味深い事実を見出した．図 3 に示すように，コウテイペンギンは羽毛中の空気を小さな気泡として濡れ性の悪い羽毛表面から放出して抵抗係数を非常に小さくし，速度 v を大きくしていたのである．濡れ性とは主として固体表面に液体が付

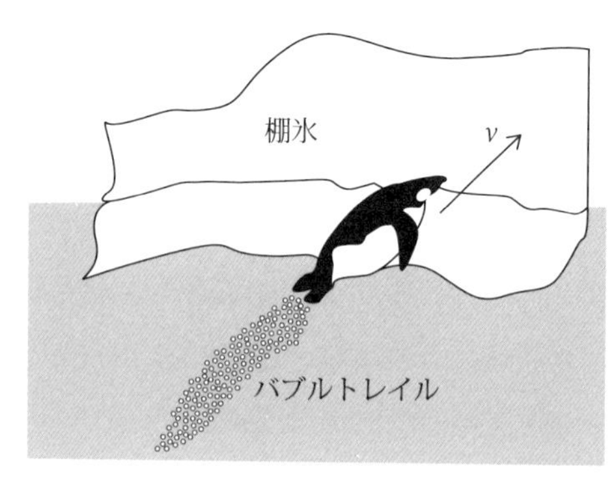

図 3　羽毛から気泡を放出しながら上昇するコウテイペンギン

着しやすいかどうかを表す性質である．

コウテイペンギンをはじめとする潜水性鳥類の羽毛は水との濡れ性を悪くして，すなわち撥水性にして水が羽毛中へしみこんでくるのを防いでいる．水がしみこめば身体が重くなるだけでなく，冷たい水が体表面近くまでやってくることによって身体の熱を奪われ，体力を消耗することになる．ただし，川や湖沼でアユなど魚を大量に捕食するので最近注目を集めているカワウという潜水性鳥類の羽毛の濡れ性はそれほど悪くないのでしみこんでくる．そこで，彼らは時々陸上で羽根を広げて水分を蒸発させる必要がある．その姿は昔の怪獣映画でゴジラとともに出演したラドンという鳥が休んでいる姿に似ているので，すぐにわかる．

撥水性の表面近傍で小さな気泡を発生させると流動抵抗が減少することは工学分野ではおよそ40年も前から知られていた．某造船所の研究者は船のまわりに撥水性処理を施し，真水（淡水）を入れた曳航（えいこう）水槽で抵抗係数を測ったところ，抵抗係数は小さな気泡を用いない場合に比べて非常に小さくなることに気づいた．曳航水槽とは船をロープなどで引いて（曳航して）船の性能を調べる水槽のことである．実用化されると船舶のエネルギー消費量は極めて小さくなる．ところが，海水を用いた実験では思うようにいかなかったと聞いている．海の中には様々な生物がいる．名前の知られていないものも多数いるであろう．それらが船底にすぐに付着して表面の撥水性が失われるだけでなく，表面が凸凹になって抵抗係数が大きくなってしまうのである．その後，この流動抵抗低減法は取りざたされることがなくなったが，歴史は繰り返すもので，最近になって船底に撥水性処理を施すことなく，空気が船底に沿って流れるようにして流動抵抗低減を行う研究がなされている（「発展編17」参照）．

参考文献

1）水口博也：南極ダイアリー，講談社，（2020）.

2）綿貫豊：海鳥の行動と生態　その海洋生活への適応．生物研究社，（2010）.

3）綿貫豊：もっと知りたい！　海の生き物シリーズ⑥　ペンギンはなぜとばないのか？　海を選んだ鳥たちの姿，恒星社厚生閣，（2013）.

4）Wilson R.P.，Hustler K. & Ryan P.G. Diving birds in cold water: do Archimedes and Boyle determine energetic costs? Am Nat 140: pp.179-200.

5）J Davenport，RN Hughes，M Shorten，and Poul S. Larsen：Drag reduction by air release promotes fast ascent in jumping emperor penguins—a novel hypothesis，Mar Ecol Prog Ser，Vol.430: pp.171-182，2011.

【関連トピックス】

基礎編 2，基礎編 5，基礎編 14，発展編 17，発展編 18

ガンの群れはカッコよく飛ぶ？

ガンの群れはなぜＶ字型になって飛ぶのですか．

飛行に要するエネルギーを節約できるからだよ．

さらに解説

皆さんは子供の頃に絵本でアヒルとガチョウを見た経験があると思う．我々が飼育している鳥類のことを家禽（かきん）という．家禽にはアヒルとガチョウのほかにニワトリ，シチメンチョウ，ハトなどがある．アヒルは野生のマガモを家禽化したものであり，多くの品種がある．ガンから家禽化されたのがガチョウであり，品種も多い．ガチョウの身体はアヒルよりも一回り大きい．ガチョウには２種類の系統があり，サカツラガンから中国のシナガチョウが，ハイイロガンからヨーロッパのガチョウがつくり出されている．なお，ニワトリは東南アジアに住むセキショクヤケイ（赤色野鶏）からつくり出された．

ガン（マガン，ヒシクイなど）が図１に示すようなＶ字型になって飛ぶことはよく知られている．カワウもＶ字型飛行をする．１羽のガンの両方の翼の先端の上側のすぐ後方にそれぞれ１羽のガンがやってき

図１　ガンのＶ字飛行のイメージ

て飛ぶ．これら２羽のガンの片方の翼（群から離れた方向の翼）の先端上側のすぐ後方に別のガンがやってくる．これが繰り返されると飛行形態はＶ字型となる．Ｖ字型になる理由について以下に述べる．

飛行機が飛んでいるときには自重（飛行機自体の重さ）を空気中で支えておくために翼には揚力が生じるようにしている．飛行機の翼は上面に沿う空気の速度が下面に沿う速度よりも大きくなるように設計されている．この場合，翼に働く空気の圧力は上面の方が低くなる．翼上面の面積に圧力を乗じると力になる．したがって，翼を下から上に向かって押す力の方が下向きに押す力よりも大きくなる．この差を揚力という．揚力が飛行機の自重よりも等しいか，大きくなれば，飛行機は空中に浮かぶことができる．なお，翼を前方に向かって動かすためには，推進力が必要である．昔はプロペラ（Propeller）を用いて空気を後方へ押しやることによって推力を得ていた．最近ではジェットエンジン（Jet engine）が用いられている．ジェットエンジンは燃料を燃焼させ，後方へ高速の噴流状態で吹き出すことによって推力を得ている（「基礎編 9」参照）．噴流とは円形や四角形の孔から流体を吹き出したときに形成される流れのことである．鳥は主として羽ばたくことによって推力を得ているが，揚力を得るために翼の上面に働く圧力が下面に働く圧力よりも低いのは，飛行機の翼と同じである．

当たり前のことであるが，鳥の翼も飛行機の翼も長さは体長と同じ程度である．翼の先端近傍に着目すると，流体である空気は圧力の高い方から低い方へ向かって流れる性質があるので，翼の下部の空気は先端部をまわって上面に向かうことになる（図２(a)）．この流れによって，先端部のまわりには渦ができる．これを翼端渦（よくたんうず）（Wing tip vortex）という．昔は，飛行場で飛行機が飛び立つと２個の翼端渦が滑走路の上に残っており，次の飛行機がこの渦の中に侵入すると，揚力（Lift force）が得られず，失速（Stall）して墜落することもあった．最近では，図２(b)のように翼端に小さな衝立（ウイングレットという）をつけるなどの工夫がなされて，このようなことは起こらない．いずれにしても，翼の先端近傍，具体的には進行方向に翼長程度の距離を置いた斜め後方では下から上へ向かう空気の流れができることになる[1)]．

(a)　翼端渦　　(b)　ウイングレットつきの翼

図2　翼端渦とその抑止法（ウイングレット）の一例

先頭を行く鳥は2枚の翼をもっているので，二つの上昇流ができる．後に続く2羽の鳥はこの上昇流に乗れば，エネルギー消費が少なくなるというわけである．飛行に必要なエネルギー消費を10％以上節約できるという見積もりもある[2)]．これら2羽の鳥の翼は合計四枚あるので，後に続く鳥は4羽になりそうなものであるが，群れの内側（V字の内側）に位置する2枚の翼の先端近傍は，最初の鳥の後ろにつくられた後流（こうりゅう）（Wake）と呼ばれる流れの存在によって，綺麗な上昇流ができずに乱れているため，鳥はやってこない．空気が乱れていると飛びにくくなるからである．したがって，後に続く鳥は群れの外側へと広がっていき，その結果として，群れの飛行形態はV字型飛行（V-shaped formation）となる．V字型のほかに鉤（かぎ）型や紐状（竿状）になることもあるという[2)]．その昔，ガンが飛ぶのを見て子供たちが「竿になれ，鉤になれ」とはやしたてたといわれている．「竿になれ」とはまっすぐに連なれという意味であり，「鉤になれ」とは先端が直角に曲がった形になれという意味である（図3）．その昔，鉤は戸を開閉するときに用いられた．

なお，宮城県に棲むガンの一種であるマガンの場合，餌場からねぐらまでは数 km から 10 km 程度の距離があり，その間，ときには空を埋めつくすほどの多数の個体が同じ目的地に向かって飛行するという．多数の飛行の最中ではＶ字型になると衝突の恐れがあるので，マガンのほとんどは紐状（竿状）の飛行隊形を呈しており，さらに，数十秒から数十分以上の長い時間スケールで様子を観察すると，飛行の最中に，群れ同士の合体や群れの分裂が生じている．群れのサイズ自体が動的に変化，あるいは調整されているという[2]．一方，ムクドリの群れについての最近の知見では，ガンのような組織的な構造はなく，群れの中の個体配置はほぼランダムとみなせることがわかってきた[2]．

図３　ガンの紐状（竿型）飛行のイメージ

消費エネルギー削減に着目したＶ字型飛行の説明のほかに，別の観点からの説明もある．鳥の目が頭の左右に位置し，視野が交叉する範囲が小さいことを考慮すると，視覚的に近接個体とより多くの情報をやりとりするためには，互いに斜め向きの位置関係を維持している方がよいとの説である[1,2]．

Ｖ字型，紐状および鉤状のいずれの飛行でも先頭の鳥だけは上昇流の恩恵にあずかることができない．どのようにして入れ替わっているのであろうか．

参考文献

1）早川美徳：マガンの群れの集団動力学，日本物理学会誌，70-9，(2015)，pp.718-721.

2）早川美徳：鳥の群れの動態解析と数理モデル，計測と制御，第 52 巻 第 3 号，(2013 年 3 月)，pp.207-212.

【関連トピックス】

基礎編 9，基礎編 13

クジラは奇妙な餌の獲り方をするらしいよ！

クジラが泡をつくって餌を獲るというのは本当ですか？

ザトウクジラは複数で空気の泡をつくってオキアミを取り囲み，逃げられないようにしてから獲っているよ．

さらに解説

体長 13 m，体重 30 トンのザトウクジラ (図 1) が海中で体積 V [m^3] の空気を一度に吐き出すと，海水の表面張力によって体積 V の気泡ができる．気泡には浮力が働き，浮力と空気の重さの差である $(\rho_L - \rho_G)Vg$ の力で上へ向かって動かされる．ここで，$\rho_L Vg$ は浮力 [N]，$\rho_G Vg$ は空気の重さ [N]，ρ_L は海水の密度 [kg/m^3]，ρ_G は空気の密度 [kg/m^3]，g は重力加速度 ($= 9.8$ m/s^2) である．なお，ρ_L はローエルと読む．ρ はギリシャ文字であり，アルファベットの「r」に対応している．

気泡の形状は体積 V の大きさによって異なり，図 2 に示すようになる．気泡体積 V が非常に小さいときには球形になるが，V の増加につれて形を変えていき，最終的にはキノコ状の気泡となる．上昇する気泡には周囲の海水が連行されていく．ザトウクジラは 1 個ではなく，ほぼ周期的に多くの気泡をつくり出すことができる．

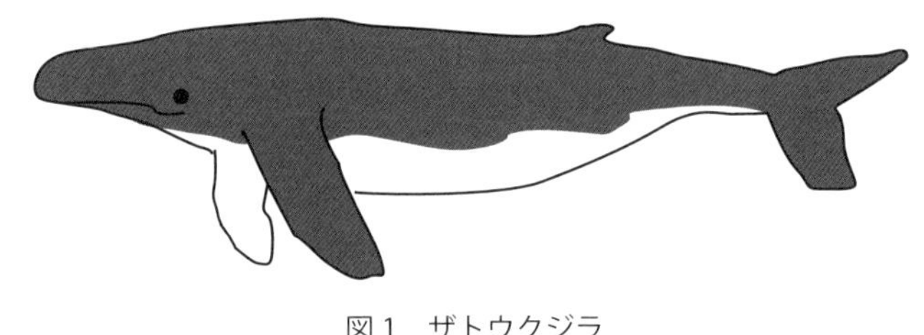

図１　ザトウクジラ

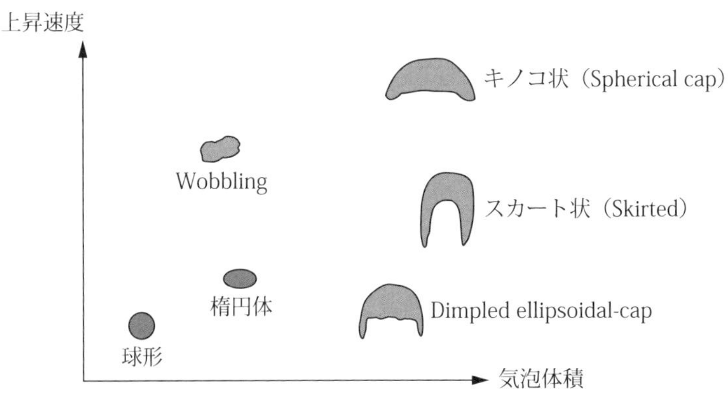

図２　気泡の体積増加に伴う形状の変化（Wobbling：楕円体気泡表面が凸凹になった気泡，Dimpled ellipsoidal-cap：楕円体気泡の下側が凹んだ帽子に似た気泡）

例えば，１頭のザトウクジラが１ヶ所に留まって空気をほぼ周期的に吐き出し続けると，後からできた気泡は先にできた気泡を追いかけるように上昇し，海中に図３に示すような気泡の連なりができる．このような浮力によって生じた気泡の連なりと気泡に連行されて動く海水の存在する領域をまとめてバブルプルーム（Bubble plume）と呼んでいる．バブルとは気泡のことであり，プルームとは浮力によって誘起される流れのことである．気泡に連行される海水の存在領域は気泡が上昇するにつれて半径方向へ広がっていく．

今までの研究によれば，半径方向に広がった領域の半径 R_{BP} [m] は気泡の

上昇した距離 L [m] に比例し，$R_{BP}=0.28\ L$ となる（図 3）．1 頭のザトウクジラが深さ 10 m のところで静止して気泡をつくったとすると，海水面では海水が上昇する範囲は，バブルプルームの中心から 2.8 m の位置まで達することになる．このことから，2 頭のザトウクジラが 10 m の深さの 5.6 m 離れた位置からバブルプルームをつくったとすれば，海面上で海水が上昇する領域の端は互いに接触することになる．このように，複数のザトウクジラが一直線上に並べば，上昇する海水のカーテンをつくることができる．

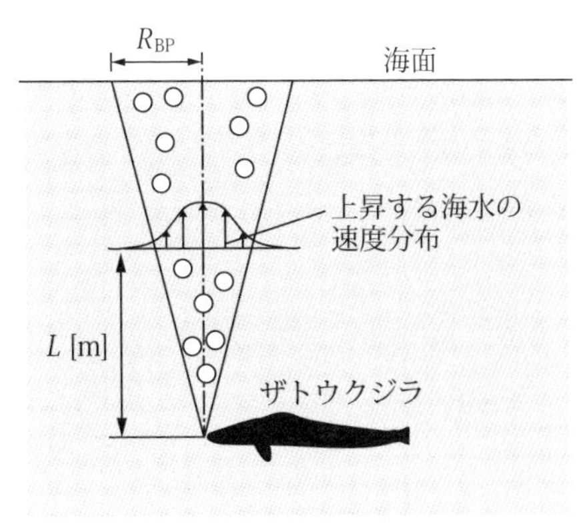

図 3　1 頭のザトウクジラがつくるバブルプルームの模式図

図 4 に示すように複数のクジラがある円周上に並んで留まり，バブルプルームをつくるとどうなるだろうか．隣り合うバブルプルームに連行されて上昇する海水の領域の端が海面で合体するように並んでいれば，円筒状のカーテンをつくることができる．複数のザトウクジラが餌となるナンキョクオキアミなどの動物の群の外側に並んでバブルプルームによるカーテンをつくれば，餌となる動物は外へ逃げることができず，一網打尽にされてしまう．このように，バブルプルームを利用して餌となる動物を捕らえる採餌方法はバブルネット・フィーディング（Bubble-net feeding）と呼ばれている[1,2]．元々は東南アラスカでニシンを獲るときの行動として知られていたが，南極の海でもナンキョクオキアミを獲る際に行われていることがわかった．ザトウクジラは髭（ひげ）クジラの仲間なので，海水とともに吸いこまれたニシンやオキアミは，重なり合うヒゲ板にからめとられて

喉へ向けて送られる．なお，東南アラスカのザトウクジラは北半球を回遊し，南極の海のザトウクジラは南半球を回遊するので互いに出会うことはないという．現在，ザトウクジラの総数は約 12 万頭であり，北半球に約 4 万頭，南半球に約 8 万頭が棲息しているそうだ[2)]．

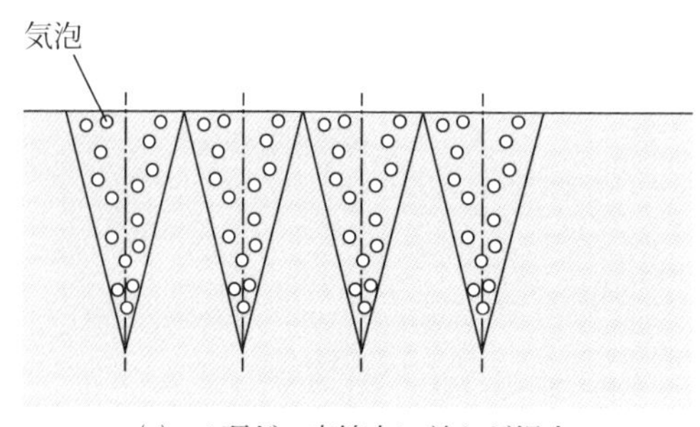

(a) 4 頭が一直線上に並んだ場合
（側面図：横から見た図）

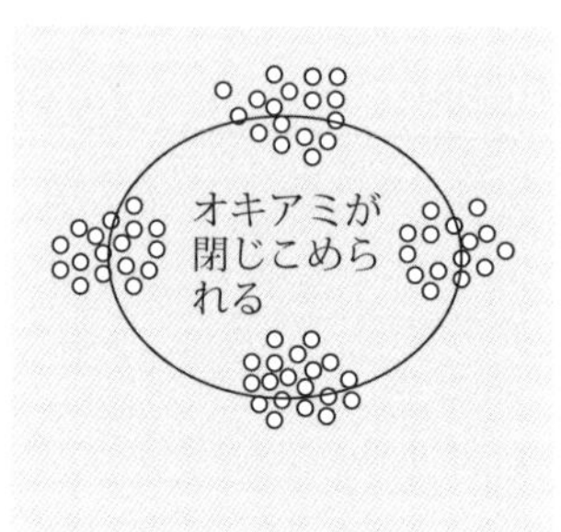

(b) 4 頭が円周上に並んだ場合
（平面図：上から見た図）

図 4　複数のザトウクジラがつくるバブルプルームの模式図

参考文献

1）D Wiley，C Ware，A Bocconcelli，D Cholewiak：Underwater components of humpback whale bubble-net feeding behavior, Behaviour 148，（2011），pp.575-602.

2）水口博也：南極ダイアリー，講談社，（2020），p.66.

【関連トピックス】

導入編 2，発展編 7

空飛ぶクモ，スパイダーマンみたいなクモはいるの？

空飛ぶクモがいるって本当ですか？　どのようにして飛ぶのですか？

本当だよ．日本にはセスジアカムネグモ（Oedothorax insecticeps Boesenberg et Strand）というクモがいて，お尻から空に向かって糸を出して風に乗って飛ぶよ．最近では扇状に張った糸に静電気を帯電させて空中に浮かぶという説もあるよ．

さらに解説

中学１年の理科の授業で虫媒花や風媒花について学んだことがあると思う．虫媒花は昆虫に花粉を運んでもらう花であり，タンポポ，ツツジ，サクラなどがある．風媒花は風によって花粉を運んでもらう花で，マツ，スギ，ヒノキなどがある．風媒花は多量の花粉を大気中に放出し，文字通り風によって運んでもらう．花粉に働く流動抵抗を利用して飛ぶのである．マツの花粉には空気袋がついており，飛びやすくなっている．スギやヒノキの花粉は風に運ばれて花粉症の原因となっていることは周知のとおりである．スギやヒノキは第二次世界大戦後（昭和 20 年以降）に日本中で大量に植林された．スギは湿り気のある土地に，ヒノキは乾いた土地に合っているという．ただし，30～40 年経たないと柱や板に必要とされる十分な太さと長さにならない．スギやヒノキの成長は昭和 30 年代に始まった高度成長期には間に合わず，安くて大量の木材が南方から輸入された．間伐に必要な時期にも十分な世話を受けることができず，見捨てられたような存在になった．成長して伐採可能となった1990年頃には，いわゆるバブルの崩壊が起こり，益々用途は少なくなった．それから30年経った今では，山で大きくなりすぎたスギやヒノキは切り出しても市場へもってくる山道がなく，どうしようもない状態になっている．十分成熟したスギやヒノキは春になると，大量の花粉を放出している．この状態は当分続くであろう．最近，花粉のないスギがつくられているが，事態の沈静化は容易ではない．

上述のように，タンポポは虫媒花であり，昆虫によって花粉を運んでもらって種子をつくるが，おもしろいことに種子の散布は風に頼っている．冠毛のついた白い種が風に乗って飛んでいくことはよく目にするところである．冠毛の存在によって，風のない静かな空気中を落下するときの空気抵抗が冠毛のないときの約4倍にもなるといわれている[1)]．ゆっくり落下することによって，タンポポの種子が風によって遠くへ運ばれる確率は非常に高くなる．

植物の花粉や種子が風すなわち空気の流れによって運ばれるのは，空気の流れの中に置かれた物体には図1に示すように，空気から力 F_D [N] を受けるためであり，F_D の鉛直方向成分 F_{Dy} が花粉や種子の重さ W [N] よりも大きければ，花粉や種子は地面へ向かって落下することなく遠くまで行くことができる．我々が風の力を実感するのは台風や時化（しけ）のときである．F_D は風速が大きくなるほど大きくなる．

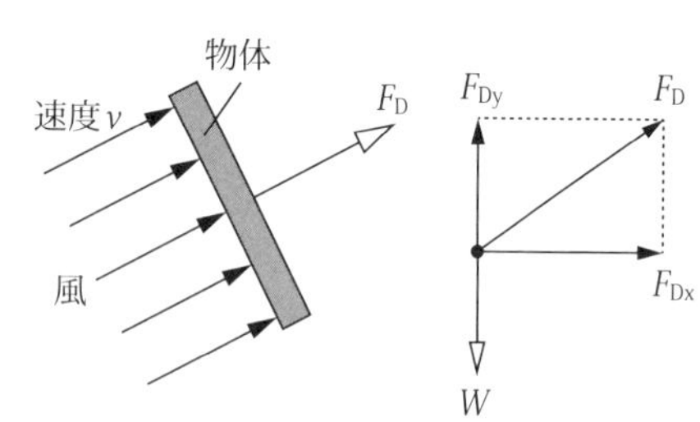

図1　流れの中に置かれた物体に働く抗力（物体の回転は考えない）

風によって生じた力 F_D を利用して飛ぶのは花粉や種子だけで

はない．クモも風を利用して空中を長距離移動する[2,3]．もちろん，クモはCloudではなく，昆虫のSpiderである．山形県などの北国では毎年10月から12月にかけて，細くて白い糸のようなものがたくさん空中を飛んでいくことが昔から知られていた．これが見られると降雪が近いので，地元では“雪迎え”と呼んでいる．糸の正体はセスジアカムネグモなどのクモの糸である[2),4)]．錦[2)]によれば，クモは徘徊性と造網性の2種類に大別されるが，空を飛ぶのは徘徊性のクモだそうである．なお，空を飛ぶクモを飛行グモと呼んでいる．高空をジェット機が飛んだときにできる白くて細長い雲を飛行機雲というが，混同しないで頂きたい．造網性のクモはほとんど移動することなく網を張って獲物を捕らえるので，わざわざ遠くへ飛んでいく必要はない．1966年の時点で空を飛ぶクモは12科39種であったという．今ではもっと多くの種類が知られている．

飛行グモは飛び立つ前にお尻のクボイボから糸を放出する（図2）．糸の長さは2～3 mにもなるが，1本の糸で飛び立つことはほとんどなく，2～3本，4～5本の糸が束になるという[2)]．多いときには10本の束になることもあったという．糸に働く力 F_D は糸が太くて長いほど大きくなる．太くて長い糸をつくるためには，クモは自分の身体を大きくしておかねばならないが，重すぎると飛び立ちにくくなる．したがって，体重と糸の太さと長さの間には最適な関係が存在する．風が強ければ糸は細くかつ短く，風が弱ければ太くかつ長くすればよい．

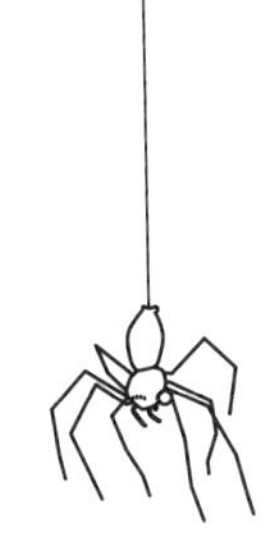

図2　尻の糸いぼから糸を放出する飛行グモ

飛ばされると風まかせでどこに着くのかわからないのか．著者はそうではないと思う．造網性のクモは張った糸を食べて再利用することが知られている．徘徊性の飛びクモも糸を食べるのであれば，クモにとって好ましい土地の上空へ来たとき，糸を食べて短くすれば風の力は弱くなって降下することができることになる．ただし，陸からかなり離れた海上を航行する船上で多数の飛行グモが捕獲されたことが知られているので，流動抵抗操作はそう容易ではなさそうである．

なお，クモの中には空中に扇状の糸を貼り，静電気を帯電させて，風がなくても空中に浮遊できる種もいるというからおもしろい．Morley and Robertの論文[5)]を参照されたい．

参考文献

1） Plant sciences：Flight of the dandelion seed Nature http://www.natureasia.com/ja-jp/nature/pr-highlights/12754.

2） 錦三郎：クモの空中移動について―日本におけるGossamer（通称“雪迎え”）についての報告―，Acta Arachnologica，20-1（1966），pp.24-34_2.

3） 梅村章，二日市宅：蜘蛛の飛行の力学，日本流体力学会誌「ながれ」，（1996）．

4） 大熊千代子：セスジアカムネグモの生態，Acta Arachnologic，15-2，（1958），pp.21-23.

5） E. L. Morley and D. Robert : Electric Fields Elicit Ballooning in Spiders，Current Biology，28，（2018），pp.2324–2330.

【関連トピックス】

基礎編14，発展編17，発展編18

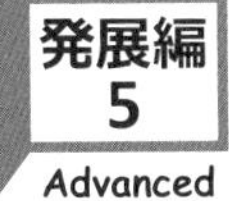

発展編 5 Advanced トンボやチョウは雨でも飛べるのはなぜなの？

トンボやチョウは雨が降っても飛べるのはなぜだろうか？

トンボやチョウの身体や羽根は撥水性を有しており，雨粒を弾くことができるからだよ．

さらに解説

トンボやチョウが空を飛んでいるとき，急に雨が降ってきたらどうなるであろうか．雨粒は落下中に空気の抵抗を受けるため，地上近くでは一定の速度になっている．この速度を終速度（Terminal velocity），終末速度あるいは終端速度などと呼んでいる．直径 5 mm 程度の雨であれば終速度はおよそ 10 m/s になる．トンボやチョウのような小さな身体にこのような雨粒が衝突すれば，彼らは地上にたたき落とされてしまいそうなものである．ところが，そのような光景は目にしたことはない．もし，彼らの身体が雨に濡れるのであれば，衝撃を受けるだけでなく，衝突した雨は彼らの身体に貼りつき，雨粒の分だけ身体を重くする．ところが，彼らの身体は雨粒を弾き，雨に濡れないようにできている．

ハス（Lotus）の葉の上に水滴を置くと丸くなることはどなたもご存じであろう（図1）．葉の表面が水

図1　ハスの葉の上の水滴

を弾くようにできているためである．ハスの葉の表面には非常に小さな多くの毛が生えており，表面が粗くフラクタル構造（Fractal structure）になっている．フラクタル構造とは「図形の一部が図形全体の構造とまったく同じ構造を有している」ことをいう．これが濡れ性（Wettability）を悪くする理由であり，ロータス効果（Lotus effect）と呼ばれている[1)]．トンボやチョウの身体にも小さな毛がびっしりと生えており，水を弾くことができる．したがって，雨粒が当たっても体の表面で丸くなり，転げ落ちていく．また，彼らは雨が当たると羽根を捩じって雨粒が転落しやすいようにしているともいわれている．

鳥の羽毛も水に濡れないようにできており，飛翔中に雨に出会っても身体が濡れて落下することはない．また，カモやカモメなどの水鳥が池や海の水面に浮かんでいられるのも羽毛の濡れ性の悪いことが理由の一つである．もちろん，もう一つの理由は，体重が浮力よりも小さいことである．先日のテレビ番組によると，ある種のペンギンは，羽毛が古くなると濡れ性が良くなるため，徐々に換羽し，新しい羽根が生えそろうまで海に潜ることなく絶食して過ごすとのことである[2,3)]．濡れ性の良し悪しは彼らにとって死活問題である．最近，ニホンザルが山の温泉に入り，悦に入っている映像をよく目にする．温まって真っ赤になった彼らが温泉から出ても風邪を引かないのはなぜであろうか．身体の表面の濡れ性が悪くて，温泉の湯が皮膚の表面まで到達することはなく，皮膚が濡れないためである．

谷川に潜って採餌するカワガラスは特に濡れ性が悪くできているようであり，水の中に潜っても濡れずにいることができる．谷川の水中を泳ぐことはもちろん，川底を歩くこともできる．川底の石陰に潜むカゲロウやトンボなどの幼虫を食べて生活している[4)]．モズの巣づくりは早いが，カワガラスはもっと早く，著者の故郷では2月になると川の上流の滝の裏側，隧道（すいどう）の壁，岩陰などに苔でつくった子供用のサッカーボールほどもある緑色の巣をつくり，数個の卵を産む．

ここでもう少し濡れ性の話を実用的見地からしてみよう．濡れの良し悪しを明確に表すために接触角(Contact angle)が用いられている．水平な板の上に水滴を置いたときの模式図を図2に示す．接触角はθで表されている角度であり，0°と180°の間の値を取る．ここで，θはギリシャ文字であり，シータと読む．接触角θが$0° \leqq \theta < 90°$のとき濡れ性が良い，$90° \leqq \theta \leqq 180°$のとき濡れ性が悪いという．英語で良いはgoodであるが，残念ながら「悪い」はbadとはいわず，poorという．なお，θが0°に非常に近いときを超親水性(Super-hydrophilic)，180°に非常に近いときを超撥水性(Super-hydrophobic)と呼ぶ[5-7]．今から25年ほど前の超撥水性材料の接触角の世界記録は京都大学化学研究所がもっており，173°であったと思う．今は176°あたりではなかろうか．教えを乞いに京都大学を訪ねた．濡れ性の良い水平なガラス板の上にコップに入れた水を落とすと，多少は跳ねるが，すぐにガラスの表面に貼りつく．ところが，京都大学のご担当の先生が超撥水性処理を施した平板の上に水を落とすと，パラパラという音がして，水は多数の小さな水滴となって飛び散った．これには驚いた．子供の頃，夏の暑い日に急に夕立が来てトタン葺(ふ)きの小屋に逃げこんだときに聞いたパラパラという音によく似ていた．強く熱せられたトタン屋根に雨粒が当たると，トタンと接触した雨粒の一部が蒸発して，雨粒とトタンの間に水蒸気の薄い膜ができ，

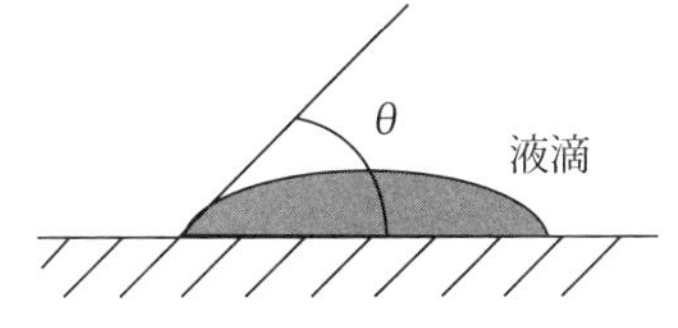

(a) 濡れ性が良い（$0° \leqq \theta < 90°$）

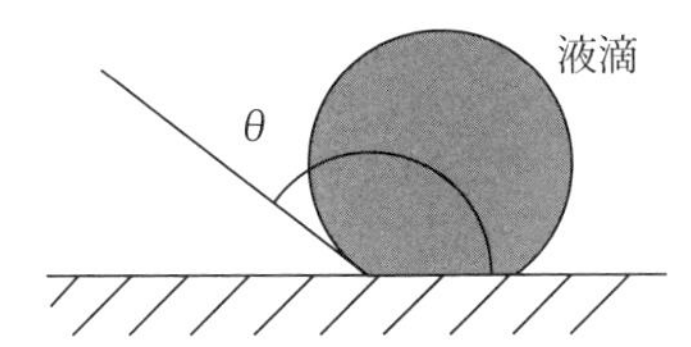

(b) 濡れ性が悪い（$90° \leqq \theta \leqq 180°$）

図2 濡れ性と接触角

これによって，雨粒が弾き飛ばされるようになる．熱したフライパンの上に水滴を落とすと，水滴が音を立てながらピョンピョン動き回る現象，すなわち，ライデンフロスト現象（Leidenfrost phenomenon[8),9)]）によく似ている（「発展編 10」参照）．蒸気の膜によって直接接触が妨げられ，あたかも濡れ性が悪くなったかのようになるためである．この現象はフライパンの温度が 160 ℃くらいから現れ，約 300 ℃で最も激しくなって，さらに温度が高くなると逆に弱くなるといわれている．

最近では超撥油性材料，すなわち極めてよく油を弾く材料の開発が話題を集めている[10,11)]．例えば，マヨネーズなどの油を含む食品をチューブから取り出すとき，必ずいくらか残ってしまうが，チューブを超撥油性にすれば容易に取り出すことができる．ただし，食品を扱うので，超撥油性のチューブが開発されても安全性の問題が残っており，厚生省の許可を得るのは容易ではないらしい．アメリカでもマサチューセッツ工科大学（MIT）を中心として活発な研究が続けられている．一方，超親水性材料としては酸化チタン（TiO_2）が有名であり，抗菌材料としてトイレの便器をはじめ，すでに多くの分野で用いられている．

ところで，四国の川といえば四万十川が全国的に有名であるが，最近では仁淀川の方が注目を集めているようである．仁淀川の上流へ行くと川が青っぽく見えるので，キャッチフレーズが仁淀ブルー（Niyodo blue）と名づけられた．川底の岩が青みを帯びた石であるらしい．水質については海部川の方が四万十川よりも上である[12)]．仁淀川でカワガラスを撮影された写真が 4 年ほど前にテレビで紹介されたことがある．川へ飛びこむカワガラスの背後には気柱（Air cavity）が形成されていた．気柱，すなわちカワガラスの背中に接している空気の柱の生成はカワガラスの身体が水に濡れないためである．濡れ性に関する研究は，鉄鋼材料プロセス（Ironmaking and Steelmaking processes）をはじめとする高温材料プロセス工学(High-temperature materials processes) 分野で古くから行われている．直径 15 mm の濡れ性の良い球(白い球) と悪い球(黒い球) が高さ 50 mm の位置から同時に水中に侵入する場合の一例を図 3 に示す[13]．この研究は，精錬剤の挙動に関するモデル実験として行われた．濡れ性が良い球の背後には気柱は生成されないが，カワガラスの場合と同様に，悪い球の背後には気柱の生成が見てとれる．気柱ができるとスプラッシュ(Splash) となって水が空気中へ飛び散る．濡れ性の良い場合には，水が球の表面を駆け上がるので気柱はできない．ただし，水が駆け上がる速度よりも落下速度が速ければ気柱はできることになる．その臨界速度は Duez らの論文[14] によれば約 7.3 m/s である．一方，濡れ性が悪い場合には球が水を弾くので気柱ができることになる．おもしろいことに，気柱の生成の有無にかかわらず，水中での球の降下速度は同じである．濡れ性の悪い物体の流動現象に関しては，わからないことがまだまだ多く残されている．

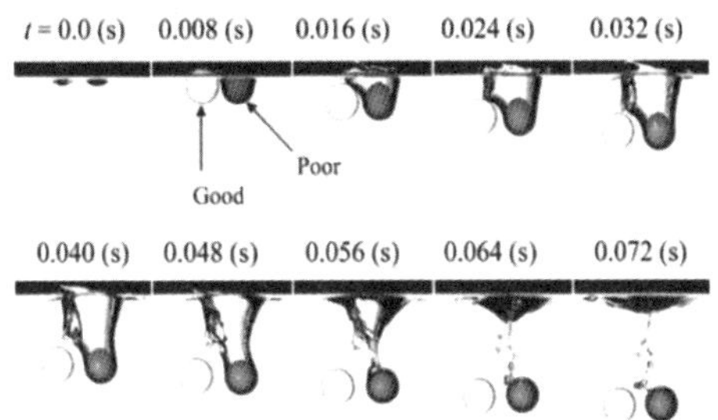

図 3　水没する球背後の気柱生成（t：球が水面に接触してからの経過時間）

参考文献

1） 下村政嗣：バイオミメティクスと表面技術，表面技術，64-1(2013)，pp.2-8.

2） 高島春雄，黒田長久：昭和基地附近に見られる鳥類，動物分類学会会報，24(1960)，pp.2-6.

3）津田とみ，猪子英俊：ペンギン，日本組織適合性学会誌，8-1，（2001），pp.47-52.

4）江口和洋：カワガラスの営巣場所選択，日本鳥学会誌，38-3，（1990），pp.141-148.

5）松村邦仁，神永文人，齋藤寛：超撥水面への空気供給による摩擦抵抗低減に関する研究，第1報，気相膜形成時の流動状態と安定性（〈小特集〉異相界面における諸現象の物理），日本機械学会論文集 B編，68-671，（2002），pp.1857-1863.

6）辻井薫：究極の凸凹構造で超撥水表面を作る（ヘッドライン：悪魔が創った表面），化学と教育，56-9，（2008），pp.438-439.

7）荻原仁志：疎水性ナノ微粒子のスプレーコーティングによる超撥水表面の作　製，Journal of the Vacuum Society of Japan，58-11，（2015），pp.431-435.

8）西尾茂文，平田賢：ライデンフロスト温度に関する研究：第2報，固液接触面の挙動とライデンフロスト温度，日本機械学會論文集，44-380，（1978），pp.1335-1346.

9）甲藤好郎：沸騰の科学（6），伝熱，45-191，（2006），pp.29-34（ライデンフロスト効果）.

10）四分一敬：フラクタル構造を用いた超撥水／超撥油表面，粉体工学会誌，37-4，（2000），pp.260-272.

11）西本俊介，澤井雄介，亀島欣一，三宅通博：最近の水中超撥油表面の研究動向，色材協会誌，87-2，（2014），pp.50-53.

12）島野安雄，堤岑生：訪問記 - 名水を訪ねて（74）徳島県の名水，地下水学会誌，48-3，（2006），pp.183-196.

13）酒井祐介，井口学：一対の固体球が水浴内に同時に浸入するときの動的挙動，鉄と鋼，98-1，（2012），pp.1-7.

14）Duez, C.,Ybert, C.,Clanet, C.and Bocquet, L.：Nature physics, 3,（2007），pp.180.

【関連トピックス】

基礎編 2，基礎編 15，発展編 1，発展編 6，発展編 10，発展編 13

アメンボはなぜ水面に浮いていられるの？

アメンボが水面に浮いていられる理由は何でしょうか？

アメンボの足には細かい毛がびっしり生えており，水を弾く（撥水性）効果があるよ．その結果，足に接する水面の表面張力を利用して水に浮くことができるよ．

さらに解説

図１　水面に浮くアメンボの様子

アメンボをご存じだろうか？　図１にアメンボの写真を示す．著者は，アメンボの細い身体を雨上がりの水たまりでよく見かけたことから，長い間「雨ン棒」だと思っていた．調べてみると，飴のようなにおいがすることから，「飴ン坊」の名がついたとされている．アメンボは長い手足で水面を滑走する様から，なんとなく可愛いイメージをもつが，実は捕食性の昆虫である．水面にほかの昆虫などが落ちるとすばやく前脚で捕獲，針のような口吻（こうふん）を突き刺して消化液を注入し，獲物の組織を溶かして吸収する．同様の捕食様式をもつ，どう猛なタガメなどと同じカメムシ科の昆虫である．

さて，アメンボが水に浮くメカニズムであるが，「基礎編 15」の１円玉が浮く理由と同じように，アメンボも水の表面張力を利用している．その際，まずアメンボの足が水を弾く性質（撥水性：濡れにくい性質）をもつことが重要である．1円玉は汚れ具合によって浮いたり沈んだりするが，生物にとってそんないい加減なことでは困るので，確実に水を弾く（水に濡れにくい）構造をもつ必要がある．液体と固体表面との間の濡れやすさは，図2に示す液体表面と固体面の間の接触角θの大きさで評価されることが多い．一般にθが90°より大きいものは撥水性，小さいものは親水性をもつといわれる．この濡れやすさは，表面張力とも密接に関係していることから，以下では表面張力の発生理由と濡れやすさの原理について説明しよう．

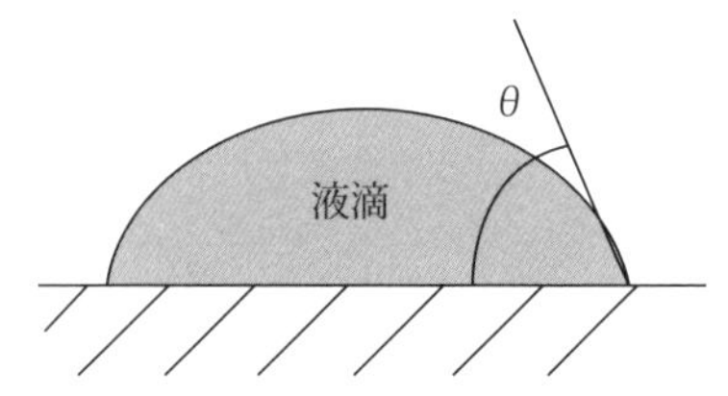

図2　液滴と固体面の間の接触角θ

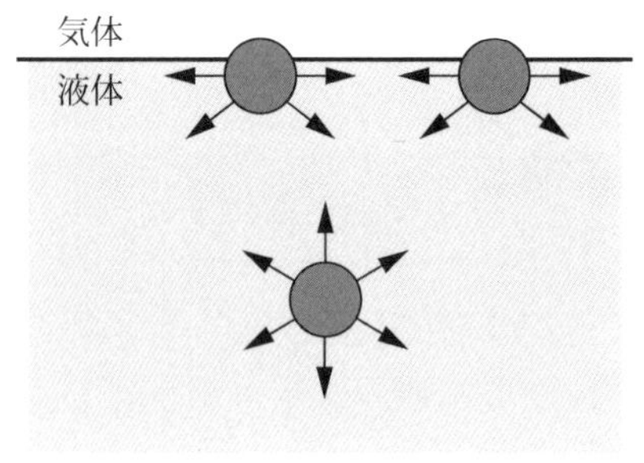

図3　液中および液体表面の分子模式図

「基礎編15」では触れなかったが，なぜ液体の表面には張力が発生するか，その理由をおおざっぱに説明しておこう．図3は，水表面と内部の水分子を簡単に表した模式図である．水中の分子には上下左右に隣り合うほかの分子があり，それらから引力（分子間力）を受け，安定な（エネルギーが最も低い）状態で落ち着いている．一方，表面の分子を見ると，水中と異なり上側には引力を与えるほかの分子がいない．この状況は，水中よりエネルギーが高い不安定な状態に相当する．物質はエネルギーを低くしようとするので，表面の分子の数をできるだけ少なくするようにふるまう．その結果，表面がピンと張って面積を小さくするような張力（表面張力）が発生する．このような状況は固体面でも同じで，固体表面の分子は内部より高エネルギーなので，やはり表面積を小さくする表面張力が発生している．ただし，液体と違い固体には強い弾性（変形させると元に戻ろうとする性質）があるため，水のように表面張力を直接観察することはできない．しかしながらエネルギーを低くしようとする性質は同じで，ほかの異物を吸着して，表面を低エネルギーの状態にしようとする傾向がある．液体との濡れやすさは，この性質（親和性）の強弱を表したものということができる．ガラスや金属表面は一般に高いエネルギーをもち，異物や液体との親和性が高く，容易に吸着や濡れが生じる．異物の吸着などで汚れていない場合，高エネルギーの固体面は濡れやすく，低エネルギー状態を達成するよう液体が濡れ拡がる結果，小さな接触角が現れる．汚れた1円玉が水を弾くのは，すでに酸化物や手の油などの吸着によって表面が低エネルギー化し，ほかのもの（水）をこれ以上受けつけない状況になっているからである．

アメンボに話を戻そう．彼らの死活問題として，水に浮くために何とか撥水性を保たなければならない．そのため，彼らの足には細かい毛（0.002～0.003 mm（2～3 ミクロン））がびっしり生えており，さらに油を分泌することで撥水性を保っている．細かい毛がびっしり生え，さらに分泌物が塗られている状況を考えれば，水をよく弾くことが感覚的にも理解できると思う．なお，細かい毛のような構造は，「発展編5」で扱ったハスの葉などの植物でも戦略として用いられている．

アメンボの浮上能力に対し，流体力学の専門家によって考察が行われた[1]．アメンボは前足2本を捕食用に用い，図4(a)のように後ろ側の脚の関節より下を針のように浮かべ，表面張力を利用して体重を支えている．図4(b)は，アメンボの足の断面を表したもので，後方2本の脚は約9.8 mmが水に浸されている（つまり，図4(b)の紙面を貫く方向に9.8 mm）．

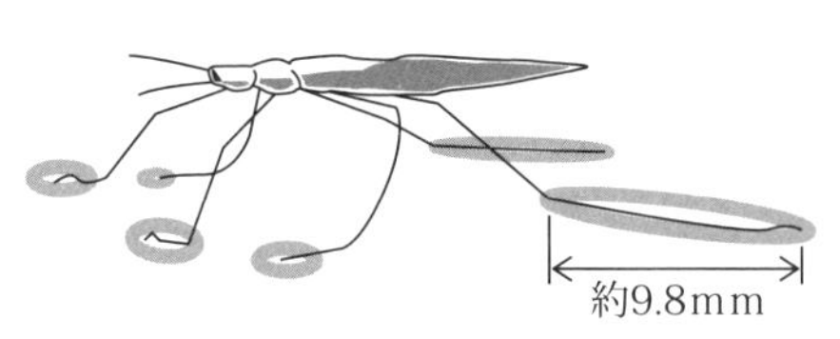

(a)　水面に浮かぶアメンボの様子

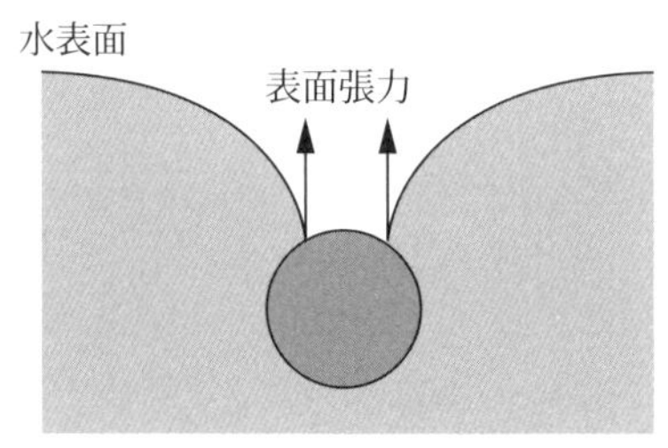

(b)　アメンボの足断面

図４　アメンボの足に作用する表面張力

この状況における表面張力による力を算出してみよう．なお，計算が苦手な人は，最後の段落まで以下を読み飛ばしていただいて差し支えない．「基礎編 15」を参照して，図４(a)の水表面と足が接する位置に表面張力が作用することを理解してほしい．簡単のため，図４(b)のように表面張力が垂直上向きに作用すると仮定すれば，長さ当たりの水の表面張力を 0.07 N/m として，１本の足に作用する上向きの力は，

$$１本の足に作用する力 = 0.07\ \mathrm{N/m} \times 0.0098\ \mathrm{m} \times 2 = 0.0014\ \mathrm{N}$$

上の計算で，水表面と足が接する位置が２ヶ所あることに注意してほしい．上式より，アメンボの後ろ足には合計で $0.0014 \times 2 = 0.0028$ N の表面張力が作用する．表面張力は図４(b)のように必ずしも垂直上向きとは限らないので，上の値は力の最大値である．アメンボの体重は約 0.15 g で，その重力（＝質量×重力加速度）は $0.15/1000\ \mathrm{kg} \times 9.8\ \mathrm{m/s^2} = 0.00147$ N であるので，アメンボは余裕で水面に浮くことができる．水をあまり凹ませると滑走の際に抵抗となるので，彼らの生活にとって最適な条件を選択しているものと思われる．

アメンボについては中学１年のころに苦い経験があり，今でもたまに思い出すことがある．「表面張力」という言葉を中学の理科で初めて知った著者は，先生が半分冗談で言ったことがおもしろそうで，早速行うことにした．先生いわく，「アメンボは水の表面張力で浮いている．中性洗剤を入れると水の表面張力が小さくなるので，アメンボは浮くことができず，かなり慌てるだろう」．この話を聞いてすぐにアメンボを捕まえ，容器の水の上に放した後，中性洗剤を１滴たらしてみた．先生の言うとおりアメンボはバタバタと暴れて浮くことができず，その様子をおもしろく観察して，すぐアメンボを助けたところ，なんと彼(彼女)はすでにこと切れていたのである．この間わずか数秒で，まさか死なせるとは思っておらず，かなり気分が落ちこんだのを覚えている．後になって思えば，当時(昭和 40 年代)は洗剤や農薬などの化学製品の有害性が叫ばれており，アメンボにとって命を奪うほどの毒性があったのかもしれない．今日では環境問題が考慮され，化学製品はかなり安全になっているので，このようなことはないと思うが・・・．少々細かくなるが，最後に上の現象を正確に説明しておこう．中性洗剤(界面活性剤)には表面張力を小さくする効果とともに，水と物質を濡れやすくする効果がある．上の例では後者の効果が重要で，アメンボの脚は水を弾くことができずに浸水してしまい，気の毒な彼(彼女)は体重を支えることができなかったと考えられる．

参考文献

1） 望月修，菊池謙次：可視化情報，30，(2010)．

【関連トピックス】

基礎編 15，発展編 5

発展編 7 Advanced イルカがつくる幸せのバブルリングってどんなもの？

Q なぜイルカは渦輪をつくって遊ぶのでしょうか？

A 瞬間的に水の噴流を噴出させせると渦の軸が円形につながった渦輪が形成されるよ．渦輪に泡を閉じこめることで，泡のリングが形成されるよ．

さらに解説

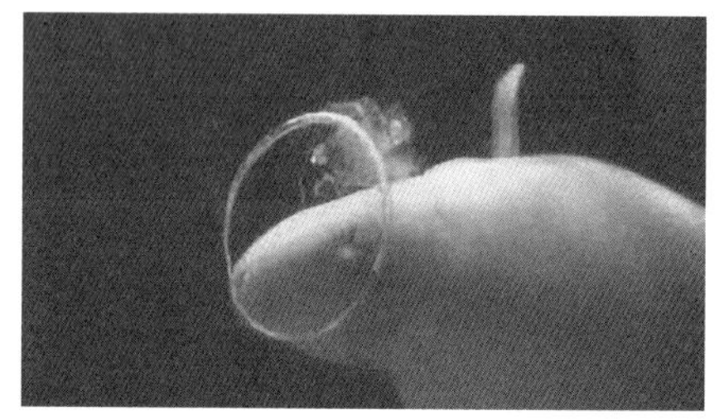

図1　イルカがつくるバブルリング

［出典］島根県立海洋館アクアス ホームページ，2012/9/8 ブログ 白イルカ，https://aquas.or.jp/blog/siroiruka/9662/

イルカは大変好奇心旺盛で，様々な遊びを自ら生み出していく．イルカには頭部に噴気孔とよばれる人間の鼻に相当する器官があり，水面から少し頭を出すだけで呼吸できるようになっている．イルカは水中でこの孔から空気を吹き出し，リング状の泡をつくって遊ぶことがある（図1）．この泡のリングはバブルリングと呼ばれる．一般的な球形状の泡ならば，形を変えながらすぐに真上に上昇してしまうが，このような水平に空気を噴出してできたバブルリングは少なくとも5秒以上は保持され，水平に移動する．このような奇妙な泡は，渦輪と呼ばれる現象で説明することができる．

渦輪は空気中でも現れる現象なので，まずは空気中の渦輪現象について説明しよう．図 2 に示すように，円形の噴出口から空気を瞬間的に吹き出すと，噴出された空気はある速度で運動するのに対し，周囲の空気は静止しているために，内側から外側に回りこむ渦が形成される．渦の回転軸が円形につながり，渦の輪が形成されることから，これを渦輪と呼ぶ．渦輪は非常に安定に存在することができ，渦が回転する速度に対応した速度で平行移動する．次に，この渦輪の平行移動について考えよう．

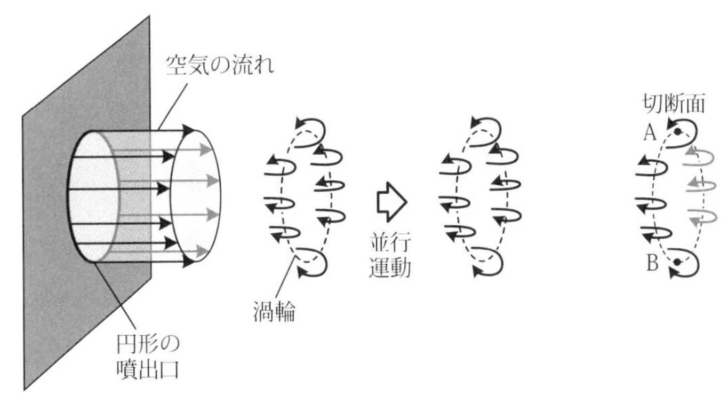

図 2　空気中における渦輪

図 2 の右端の図に示すように，渦輪上端の点 A と下端の点 B を含み，噴出口の面と垂直な平面で渦輪を切断して点 A 付近の渦を観察すると，図 3(a)のようになる．点 A を中心とする渦は周囲に矢印で示す気流を形成させており，この渦がきっかけになって引き起こされる速度，すなわちこの渦によって誘起される速度を渦の誘起速度と呼ぶ．誘起速度は点 A から離れるにつれて小さくなるものの点 B に右向きの速度を誘起する．一方，点 B の渦も点 A に右向きの速度を誘起する (図 3(b))．このため，点 A と点 B の渦は互いの誘起速度で平行に右側に進むことになり，渦輪は平行運動する (図 3(c))．その速度は渦の回転速度が速く，渦輪の直径が小さいほど大きくなる．

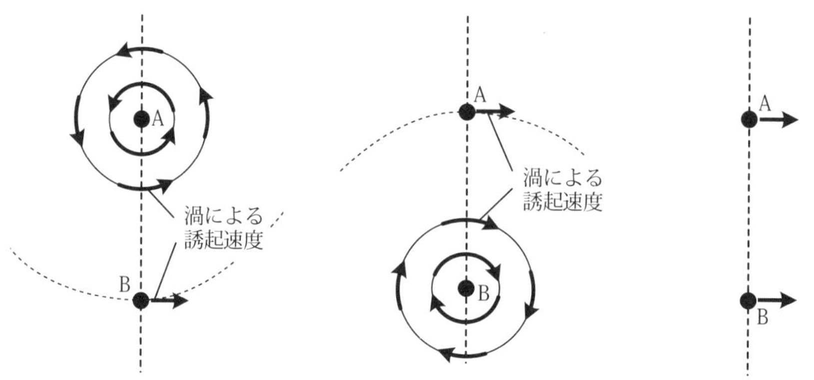

(a)　点 A の渦による誘起速度　(b)　点 B の渦による誘起速度　(c)　誘起速度による渦輪の並行運動

図 3　渦による誘起速度と渦輪の並行運動

空気は渦の回転の中心軸のまわりを回り続けており，軸の中心から外に向かって流れる流れはない．このため，回転軸付近の空気は渦輪の外には出ていかず，渦輪にトラップされたまま渦輪の平行運動で移動する．この特性を生かして，香料を揮発させた空気の渦輪を平行運動させ，離れた人に香りを届ける装置の検討がなされている[1,2]．単純に，香りのする空気をジェット噴流で噴出させても周囲に大きく拡散してしまい，遠距離に届けることはできない．この渦輪のトラップ機能を使ってバブルリングは形成される．

それでは，いよいよバブルリングついて考えよう．ある水族館の飼育員が，イルカがバブルリングをつくるプロセスを詳細に観察しているのでそれを紹介しよう．イルカは噴気口から直接バブルリングを生じさせているのではなく，事前に口の中から水流を瞬間的に吹き出し，先述した空気中の渦輪と同じように，水の流れの渦輪をつくり出す (図 4(a))．その後，渦輪が形成させていると思われる位置で噴気孔から泡を吹き出す (図 4(b), (c)). すると，渦輪の中に泡が取りこまれ，泡がリング状になる(図4(d), (e)). イルカはかなり複雑な工程を経てバブルリングを形成させているのである.

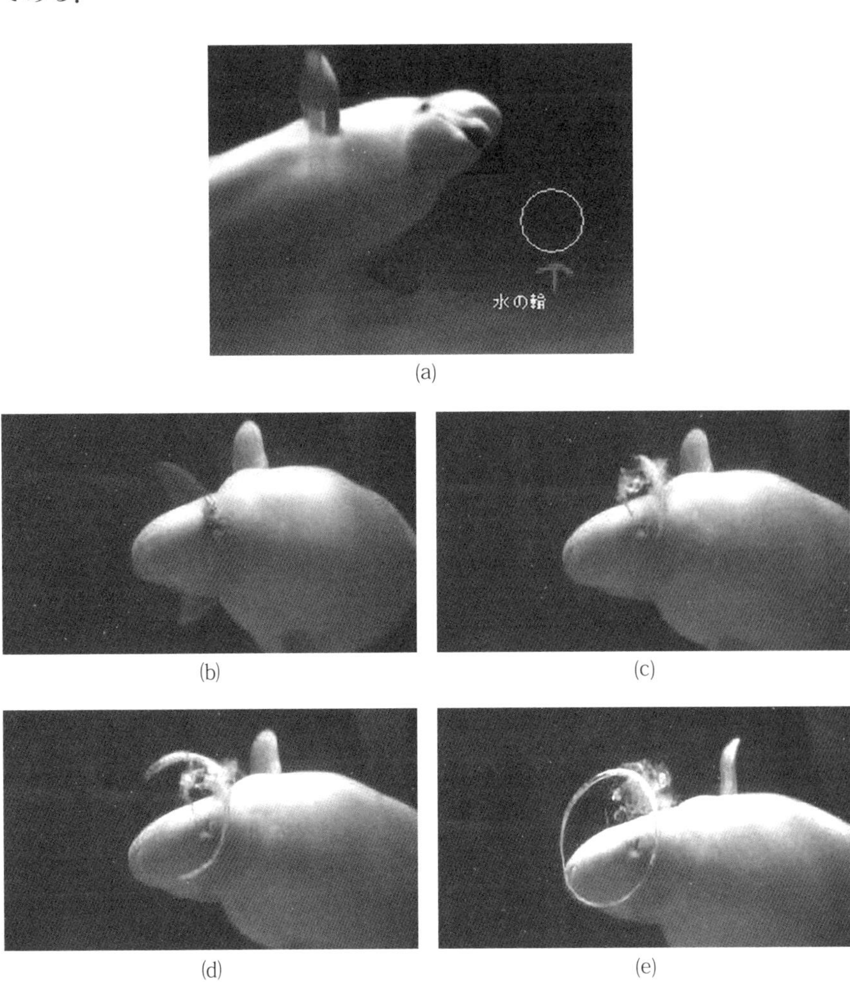

(a)

(b)

(c)

(d)

(e)

図4　イルカがバブルリングをつくるプロセス

[出典] 島根県立海洋館 アクアス ホームページ，2012/9/8 ブログ 白イルカ，https://aquas.or.jp/blog/siroiruka/9662/

参考文献

1） 大藏信之，内藤隆，奥出宗重：渦輪による物質輸送の特性，日本流体力学会誌「ながれ」V31（2012），pp.187-194（https://www.nagare.or.jp/download/noauth.html?d=31-2gencho.pdf&dir=67）.
2） Y. Yanagida，S. Kawato，H. Noma，A. Tomono and N. Tetsutani: Projection-Based Olfactory Display with Nose Tracking，Proc. IEEE Virtual Reality 2004（2004），pp.43-50.

【関連トピックス】

基礎編 12，発展編 3

びっくり!? 渦の向きって決まっているの？

Q 渦の方向は排水口の形や排水前の水の流れで決まるのでしょうか？

A 浴槽排水時にできる大きさ程度の渦では，渦の方向は排水口の形や排水前の水の流れで決まるので，左回りと右回りの両方があり得る．台風のような巨大な渦になると，北半球では左回り，南半球では右回りになる．

さらに解説

お風呂の底の栓を抜いて水を排水すると図1のような渦ができる．この渦の向きは排水口の形状が円形からわずかに変形していたり，排水口の位置，お風呂の底の板がゆがんでいたり，傾いていたりすることによって決まる．このため，浴槽ごとに回転する向きは異なる．ただし，あらかじめ右回りに水を回転させて排水すれば右回りの渦が，左回りに回転させて排水すれば左回りの渦が観察される．すなわち，渦の向きは浴槽の形状や水を抜く前の流れの向きで決まる．

図1　浴槽の排水時に観察される渦

しかし，このような浴槽の変形を極限まで小さくし，排水前に水の流れを完全に止めれば，地球の自転の影響による「コリオリ力」と呼ばれる力によって，北半球では排水の渦は左回り，南半球では排水の渦は右回りになるはずと考え，実証実験を行った人たちがいる．実証実験は，まず北半球のボストンでShapiroによって行われた[1)]．直径1.82 m，高さ152 mmの平たい円形タンクの中心に直径9.5 mmの排出口を設け，さらに排出口に6.1 mのホースを下向きに取りつけてホース出口から水が排出された．1962年出版の学術雑誌「Nature」に報告されている記録によれば，完全な円筒形に製作したタンクに水を貯めた後，24時間静置して実験を行うと左回りの回転が必ず観察されるようになったとある．また，1～2時間の静置では右回りの回転も現れたとの記述があり，排出する前の水の流れの影響が大きいことがうかがえる．さらに，風の影響をうけないように容器にはふたがされ，実験室内の温度は常に一定に管理された．その後，Trefethenが南半球のシドニーで同様の実験を行い，南半球では右回りの渦となることを1965年出版の「Nature」に報告している[2)]．

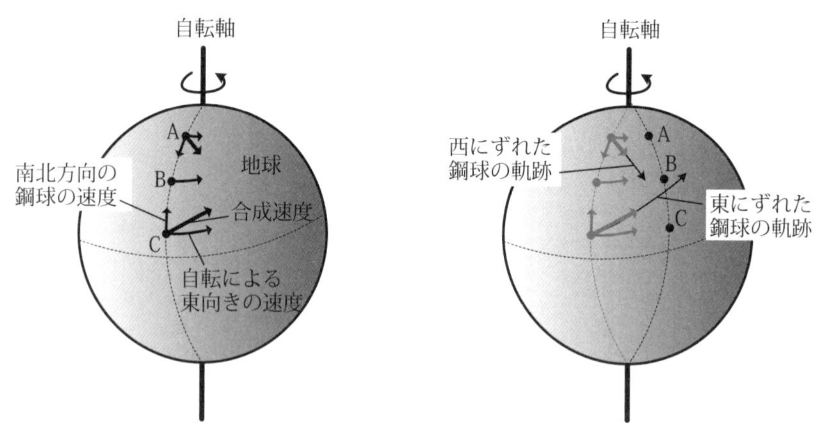

(a) 北半球における南北方向の鋼球の運動　　(b) 一定時間経過後

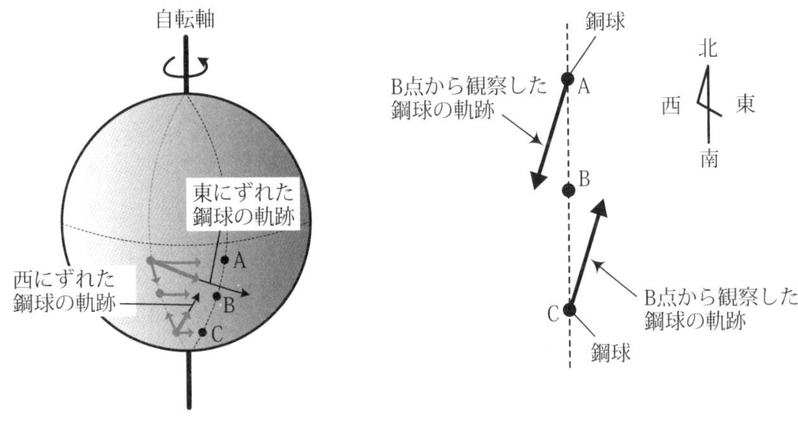

(c) 南半球における南北方向の鋼球の運動

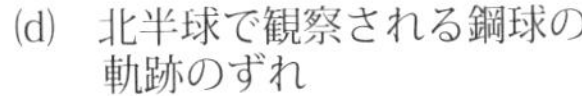

(d) 北半球で観察される鋼球の軌跡のずれ

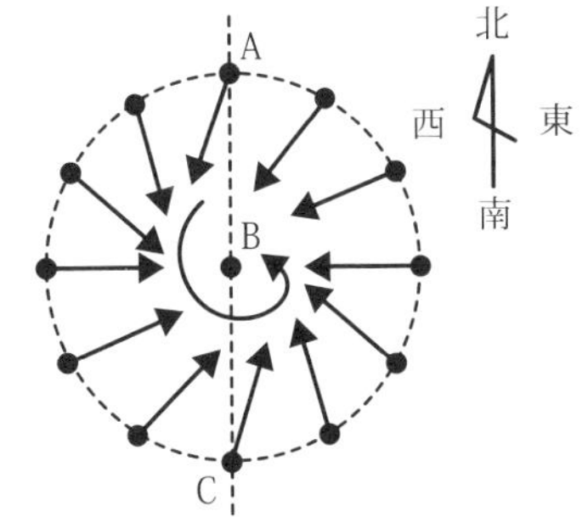

(e) 北半球で観察されるコリオリカによる渦

図２　コリオリ力が発生する原理

それでは，Shapiro，Trefethenが実証を試みたコリオリ力とはどのような力だろうか．以下に説明する．図２(a)のように，北半球上に固定された点A，B，Cがあり，これらの点は南北に一直線上（経線上）にあるものとする．また，点Aと点Cから点Bに向かって鋼製の球（鋼球）を同じ速度で投げたとする．すなわち点Aからは南に，点Cからは北に向かって鋼球が飛んでいる．鋼球が飛ぶ様子を宇宙のある固定された場所から観察する．点A，B，Cは地球の自転で東向きに動いており，東向きの速度は点Cで最も大きく，点B，Aの順に遅くなる．宇宙から見れば，鋼球は南北の向きの速度と自転による東向きの速度とが合成された速度で移動する（図2(a)）．時間が経過すると，鋼球が合成速度の方向に飛ぶとともに，点A，B，Cも地球の自転で移動する（図2(b)）．点Cからの鋼球は，点Bの自転速度よりも速い東向きの速度を有しているので点Bより東側に到達する（図2(b)）．逆に点Aからの鋼球には小さい東向きの速度しかないので，点Bより西側に到達する（図2(b)）．したがって，点A，Cから点Bに向かって鋼球を投げても鋼球は点Bには到達しない．物騒な話であるが，軍艦はこのことを考慮して砲弾を発射している．南半球においても同様の現象が起こるが，点A，点Cから投げられた鋼球はそれぞれ点Bの東側と西側にずれて到達する（図2(c)）．鋼球に自転による東向きの速度が加わっていることを考えると当然の帰結なのであるが，北半球上において，点Bと同じ東向きの自転速度で鋼球を観察すると，点Bに向かう鋼球が，何らかの力で右向きに曲がったように観察される（図2(d)）．このような回転する立場（座標系）で観察される力のことをコリオリ力と呼ぶ．

次に，北半球上の点A，B，Cを含む大きな浴槽を考える（図2(e)）．点Bに排水口がある．排水口の栓を抜くと，圧力が急に低くなって点A，Cだけでなく浴槽内のすべての位置から点Bに向かって水が流れこんでくる．ただし，鋼球の場合と同様に，例えば，点Cを出た水はコリオリ力によって点Bの右側に到達したのち，点Bのまわりを左方向に回転しながら点Bに達して吸いこまれる．点C以外の位置からの水の流れも同様である．したがって，点Bのまわりには左回りの渦ができる．また，南半球ではコリオリ力で南北方向の流れが左に曲がるので右回りに渦を巻く．

厳密には地球上で南北方向に運動するあらゆる物体に自転によるコリオリ力は作用しているのであるが，コリオリ力は緯度による自転速度の違いに起因して生じるので，実際の浴槽でできる大きさの渦程度ではとても小さな値となり，その影響が現れない．Shapiroの実験では，コリオリ力は重力の100万分の1以下となり，先述したように相当な配慮をしない限り，その影響を観察できない．ただし，台風のような地球スケールの渦では，その力は十分大きなものとなり，北半球では台風は必ず左回り（図3），南半球では右回りになる．そのほかには，南北方向に飛ぶ飛行機やロケット，海洋を伝搬する津波などに無視できない力となって働く．

図3　北半球の台風

［出典］気象庁ホームページ（令和元年台風第19号）
（https://www.data.jma.go.jp/sat_info/himawari/obsimg/image_typh.html#typh）
（JMA，NOAA/NESDIS，CSU/CIRA）

参考文献

1） A. H. Shapiro：Bath-Tub Vortex，Nature，V196（1962），pp.1080-1081.

2） L. M. Trefethen，R. W. Bilger，P.T. Fink，R. E. Luxton & R. I. Tanner：The Bath-Tub Vortex in the Southern Hemisphere，Nature V207（1965），pp.1084-1085.

【関連トピックス】

基礎編7

発展編 9 Advanced　台風が来ると木が倒れるのはなぜなの？

人間が押してもびくともしない木が，台風で倒れるのはなぜでしょうか？

木に高速の気流が衝突すると，衝突面で圧力が高く，その後ろ側の面で圧力が低くなり，前後の圧力差で木を倒そうとする力がかかるよ．その力で幹が折れたり，根が引きちぎられたり，地盤が滑って木が倒れるよ．

さらに解説

台風が通過すると街路樹などの樹木が倒れる被害がしばしば発生する（図1）．このような現象は，強い風が樹木に衝突することによって生じる．以下では，この倒木が風から受ける抵抗について考えてみよう．

図1　台風による倒木の実例

［出典］北海道大学大学文書館所蔵

一般に，気体の流れが物体に衝突すると，物体に抵抗が加わる．抵抗が加わる物理的原因として，以下の摩擦抵抗と圧力抵抗の２種類がある．

■ 摩擦抵抗

気体には粘性があり，物体面上に固着する．このため，静止した物体に気流が衝突すると，気体の速度は物体面から離れるにつれて速度ゼロから急速に大きくなり，速度の勾配が生じる．この速度勾配によって物体面に沿う方向に力が生じる．（図２(a)）

■ 圧力抵抗

気流が物体に衝突すると，衝突面で圧力が高くなり，その後ろ側の面では圧力が低くなる．このため，物体の前後で圧力差が生じ，この圧力差によって抵抗力が生じる．文字通り，風圧による力である．（図２(b)）．

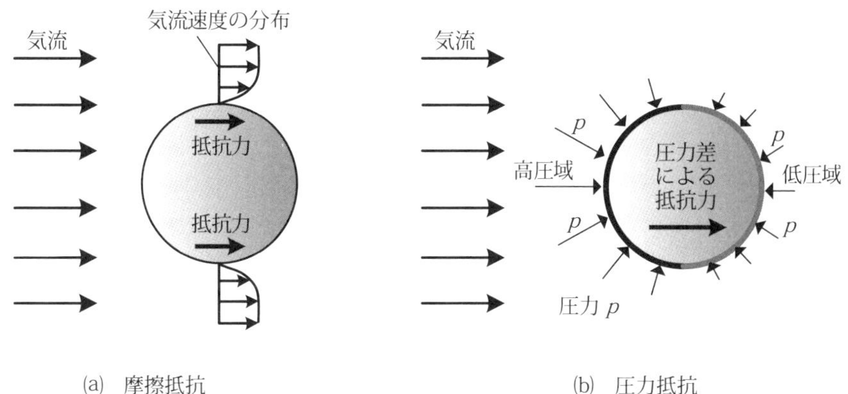

図２　気流によって物体に加わる抵抗

飛行機の翼のような流線形の物体では衝突面前後の圧力差が極めて小さく，抵抗のほとんどは摩擦抵抗によって生じる．一方，円柱や球，角柱など流線形以外のほとんどの物体では圧力抵抗が支配的となる．木に加わる抵抗力もほとんど圧力抵抗によって生じると考えてよい．

経験的にもわかるように，物体に加わる抵抗 F は風を受ける面積が広いほど大きくなる．風を受ける面積を物体の投影面積 S で評価すると F は S に比例することが知られている．投影面積とは，図 3 に示すように，風の向きと同方向の平行光線を物体に照射したときにできる影の面積のことであり，例えば，直径 a，長さ b の円柱では $S=ab$ となる．また，F は気体の密度 ρ と流速 U の 2 乗に比例して大きくなる．したがって，一般に物体に加わる抵抗 F は $F=\dfrac{1}{2}C_{\mathrm{D}}\rho U^2 S$ で見積もられる[1)]．C_{D} は抵抗係数と呼ばれる物体の形状で定まる定数であり，例えば，長方形の平板では，両辺の長さの比に応じて 1.12～2.01 の値を取り，円柱では 0.63～1.20，球では 0.47 程度の値となる[1)]．樹木の場合，樹種によって枝葉の形，茂り方が違うので，この C_{D} の値を一律に決めることは大変難しい．2 m 程度までの高さの木であれば特殊な測定装置の中で C_{D} 値を測定することが可能で，そのような装置による測定結果によれば，0.1～2.0 の範囲の間で様々な値を取る[2-6)]．

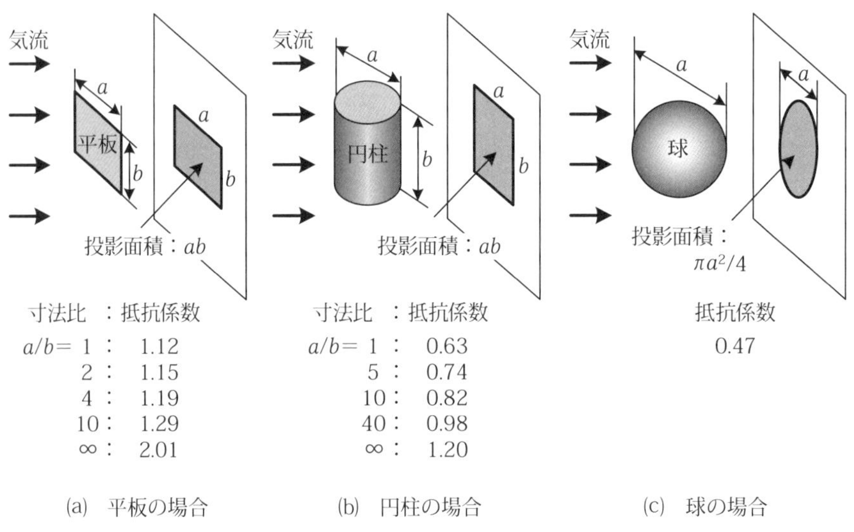

図 3　投影面積と抵抗係数

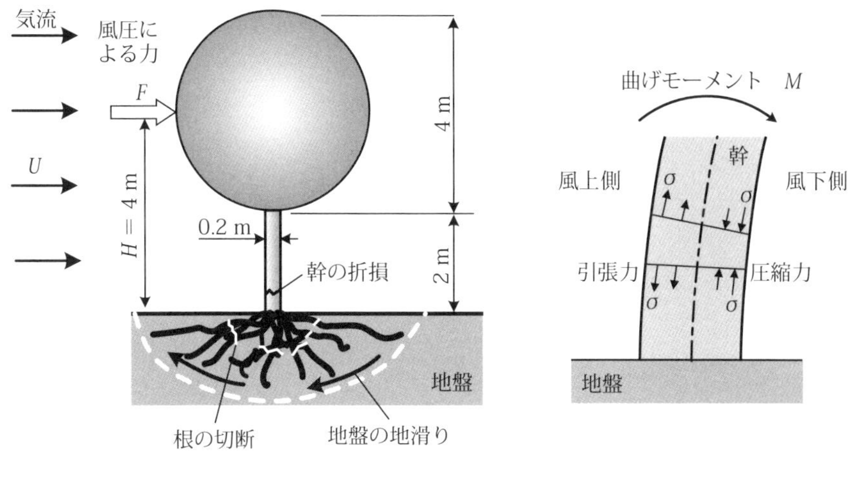

(a) 樹木の形状のモデル　　(b) 木の幹に加わる引張・圧縮力

図 4　風圧によって木に作用する力

先述のように，個々の樹木で枝葉の生え方が異なるのであるが，ここでは図 4(a)に示すように，木の幹を直径 $d = 0.2$ m，高さ 2 m の円柱，枝葉の茂った部分を直径 $D = 4$ m の球で大胆に近似して実際に F の値を求めてみよう．円柱の投影面積 $(0.2 \times 2 = 0.4\ \mathrm{m}^2)$ より，球の投影面積 $(\pi D^2/4 = 12.6\ \mathrm{m}^2)$ が圧倒的に大きいので，球に加わる力のみに注目しよう．空気の密度を $\rho = 1.2\ \mathrm{kg/m^3}$，抵抗係数 C_{D} を $C_{\mathrm{D}} = 0.47$ として，流速を $U = 10$，20，30，40，50 m/s とした場合の F の値を表 1 に示す．勢力の強い台風であれば，風速は $U = 50$ m/s (180 km/h) に達することもある．$U = 50$ m/s では $F = 8883$ N となり，約 900 kg の質量に加わる重力と同等の力が横向きに加わる．この力は地面から高さ $H = 4$ m の位置に加わるので，木の幹を曲げようとする力の大きさを表す量であるモーメント $M = F \times H = 35532$ Nm が木の幹に加わる．図 4(b)に示すように，このモーメントで幹の断面には，風上側に引張の力，風下側に圧縮の力がかかる．木の幹の断面積 1 m^2 当たりに加わる引張・圧縮の力は $\sigma = 32M/(\pi d^3)$ [N/m^2] で推算できる．この σ の値も表 1 に記載している．この値が木の強度を超えれば木は折れる．乾燥した木材の強度は $3 \sim 7 \times 10^7$ N/m^2 程度で，生木では概ねこの半分程度といわれているので，風速 30 m/s 以上では幹が折れてしまう可能性がある[2)] (図 4(a))．実際には，樹木の形状が風向きに対して完全に左右対称であることはないので，幹を左回りもしくは右回りに捻じる力も働き，より小さい風速で折れてしまうことが考えられる．また，幹がこの力に耐えられたとしてもその力は根に伝わる．根がその力に耐えられなければ根が破断する．さらには，根がその力に耐えたとしても，根を張っている部分の土壌と周囲の土壌との間に地滑りが生じて，木が倒れてしまう場合もある (図 4(a))．特に，台風では降雨も伴うので，地盤が緩んでこのような地盤の滑りが生じやすくなる．根の破断や地滑りが生じる条件を見積もることはさらに難しい問題で，今なお検討が行われている[2-6)]．

表 1　風圧による力の推算値

	風速 U [m/s]				
	10	20	30	40	50
抵抗力 F [N]	355	1421	3198	5685	8883
曲げモーメント M [Nm]	1421	5685	12792	22740	35532
1 m^2 当たりの引張・圧縮力 σ [N/m^2]	0.181×10^7	0.724×10^7	1.629×10^7	2.895×10^7	4.524×10^7

風圧は速度の 2 乗に比例するので，台風で非常に強い風が吹くとそれによる力は極端に大きなものとなる．この風圧による力で，幹の折損，根の切断，地盤の滑りが起こって木が倒れる．過去の沖縄県における調査では，最大風速で 22 m/s 以上，最大瞬間風速で 40 m/s 以上となると急に被害本数が増えるとする報告がある[5)]．

参考文献

1）宮井善弘，木田輝彦，仲谷仁志，巻幡敏秋：水力学（第２版），森北出版，（2014），pp.146-173.

2）石川 仁：樹木の流体力学特性の実験的解明，日本流体力学会誌「ながれ」V24，（2005），pp.483-490.
https://www.nagare.or.jp/download/noauth.html?d=24-5-t02.pdf&dir=66.

3）椎貝博美：樹木の流体抵抗について，日本流体力学会誌「ながれ」V12，（1993），pp.11-19.
https://www.jstage.jst.go.jp/article/nagare1982/12/1/12_1_11/_pdf.

4）陶山正憲：台風による樹木の風倒・折損機構，水利科学V37（1），（1993），pp.25-53.

5）飯塚康雄，松江正彦，長濱庸介：沖縄における都市緑化樹木の台風被害対策の手引き，国土交通省国土技術政策総合研究所資料　第621号（2011）.
http://www.nilim.go.jp/lab/bcg/siryou/tnn/tnn0621pdf/ks0621.pdf.

6）飯塚康雄，舟久保 敏：街路樹の倒伏対策の手引　第２版，国土交通省国土技術政策総合研究所資料　第1059号（2019）.
http://www.nilim.go.jp/lab/bcg/siryou/tnn/tnn1059pdf/Ks1059.pdf.

【関連トピックス】

基礎編3，基礎編14，発展編17，発展編18

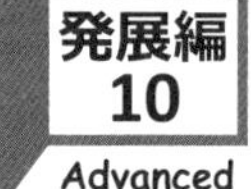

熱したフライパンの上に水滴を落とすとどうなるの？

熱したフライパンの上に水滴を落とすと激しく動き回るのはなぜだろう？

フライパンと水滴の間に蒸気の膜ができ，水滴はすぐ蒸発せずにしばらく浮かんだ状態を保つんだ．膜内の不規則な流れの反動によって水滴は動き回るよ．

さらに解説

水の沸点（大気圧では 100 ℃）よりかなり高温に熱したフライパンの上に水滴を垂らすと，図1のように水滴がフライパンの上を踊るように転がるのが観察できる．フライパンが高温のため蒸発が激しく起こり，図2のように水滴の下には蒸気の膜ができる．気体は熱を伝えにくい（二重窓は空気による断熱効果を利用している）ので，蒸気の膜ができると水滴に伝わる熱が著しく減少し，水滴が瞬時に蒸発するのを妨げるようになる．ドイツの医師ヨハン・ライデンフロストが 1756 年の論文でこの現象について発

図1　熱したフライパンの上の液滴

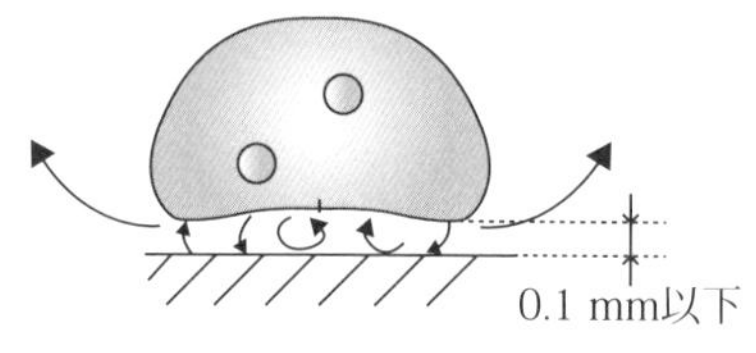

図2　液滴摸式図

表を行い，彼の名前にちなんでライデンフロスト現象と呼ばれている．蒸気膜ができると水滴は図２のように浮かんだ状態となり，運動に対する摩擦が極めて小さくなる．このとき，蒸気膜内には水滴から蒸発した下向きの蒸気の流れや，固体面に衝突して反転した流れなど複雑な流動場が形成される．これらの流れから受ける力により，水滴は色々な方向に踊るように転がることになる．

ライデンフロスト現象は比較的簡単に観察することができる．ただし，200〜300 ℃までフライパンを熱する必要があるので，テフロンコーティングが施されたものやホーロー製などは損傷してしまうので行わないこと．必ず鉄製のフライパンで行ってください．

余談ながら，熱く焼けた鉄棒を握ったりなめたりする昔ながらの大道芸人は，汗や唾液によるライデンフロスト現象を利用している（絶対真似しないこと）．水滴の例と同様，身体と鉄棒の間に蒸気膜をつくって熱の伝わりを減らし，やけどから身を守っている．

最後に科学的な話題を一つ紹介しておこう．最近，ライデンフロスト現象を利用した新たなエンジンに関する提案が行われた．上述したように水滴の運動には摩擦が少なく，蒸気膜内には水滴からの蒸気が固体面に衝突した後の反射流れが発生する．この流れの方向をある程度揃えることができれば，一定方向に水滴を運動させることができる．英国のノーサンブリア大学およびエディンバラ大学の研究者が，ドライアイスの昇華（固体から気体への蒸発）によるライデンフロスト現象を利用して，2015 年に図３のようなエンジンを考案している[1)]．図の

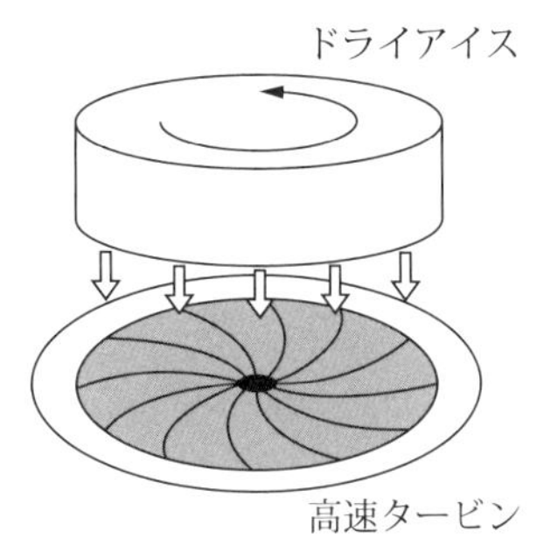

図３　ライデンフロスト現象を用いた原動機

高温の下側円板には渦巻状の段差がつけられ，規則的な構造をもつ面となっている．その上に置かれた円柱状のドライアイスから昇華した気体（二酸化炭素）が膜となり，ドライアイスは浮上する．規則的な段差の効果により，ドライアイスに向かう気体の流れの向きをそろえることができるため，その力によってドライアイスは円板の上を回転運動する．ドライアイスの上に磁場を設置すれば，モータによる発電と同様，この装置を用いて電力を生み出すこともできる．一見頼りなさそうであるが，考案した研究者によれば，火星にはドライアイスが天然資源として豊富にあり，（人類が移住したときに）エネルギー源として期待できると主張している．果たしてどうであろうか．

参考文献

1） nature communications_A sublimation heat engine
https://www.nature.com/articles/ncomms7390.

津波の速度はどれくらいなの？

津波の速度はどれくらいでしょうか？　発生状況によって変化するのでしょうか？

津波の速度は海の水深によって変化し，水深 4000 m では約 200 m/s（700 km/h），水深 10 m では約 10 m/s（36 km/s）程度になる．

さらに解説

まず，津波の発生原因について説明しよう．海底を震源とする大きな地震が発生し，海底の地盤の断層にずれが生じると，100 秒程度の時間内に海底が数 m～数 10 m 隆起する．海底の隆起に応じて水面も上昇し，その後上昇した水面が重力で周囲の水面の位置まで戻ろうとして津波が発生する．大きな地震の場合，海底に生じる隆起は数十 km から数百 km の幅に及ぶため，波の波長も大変大きな値となる[1)]．2011 年3 月に発生した東北地方太平洋沖地震（東日本大震災）では長さ約 200 km，幅約 100 km 程度のサイズの大きな断層が二つ発生した[2)]．数十 km から数百 km の波長の波の周期は数分から数十分となる．風によって生じる一般的な海の波浪の波

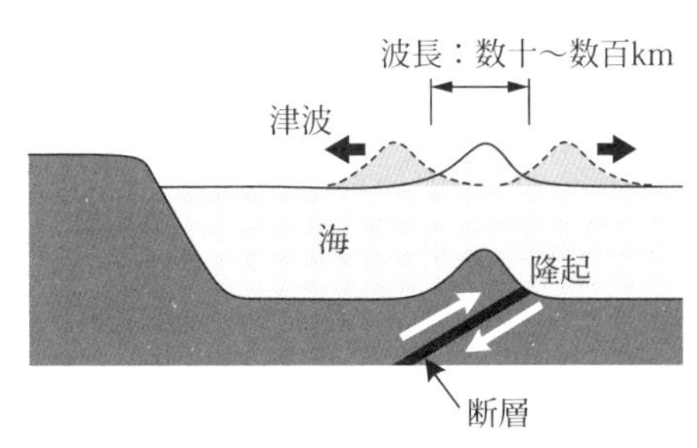

図 1　津波の発生

長は数十 m から数百 m，周期は 5～15 秒程度であるから，津波は一般的な波浪に比べて，極端に長波長，長周期である．海洋の平均水深は約 4000 m であるので，津波の波長は海の水深よりも大きくなる．

波は波長 λ（なお，λ はギリシャ文字であり，ラムダと呼ぶ）と水深 h の大小関係から長波，浅海波，深海波の 3 種類のタイプに分けられる．それぞれのタイプにおける水中の流れは図 2(a)～(c)に示す矢印の通りとなる．波面は太い矢印の方向に伝搬していくが，水は閉じた軌道上を運動する．長波では細長い楕円の軌道となり，深海波ではほぼ円形の軌道となる．また，長波では，海底近くにおいても水が運動するのに対して，深海波では，海底付近の水はほぼ止まっている．一般の波であれば，水深によっていずれのタイプにもなり得るが，津波の場合には，海が深くとも波長が大きいので，長波として扱ってよい．ここでは詳細な説明を省略するが，長波と深海波における波の伝搬速度 C [m/s] と周期 T [s] は，波長 λ [m] と水深 h [m] から以下の近似式で求められる．

$$\text{深海波：} C = 1.56T, \quad T = \sqrt{\frac{\lambda}{1.56}} \tag{1}$$

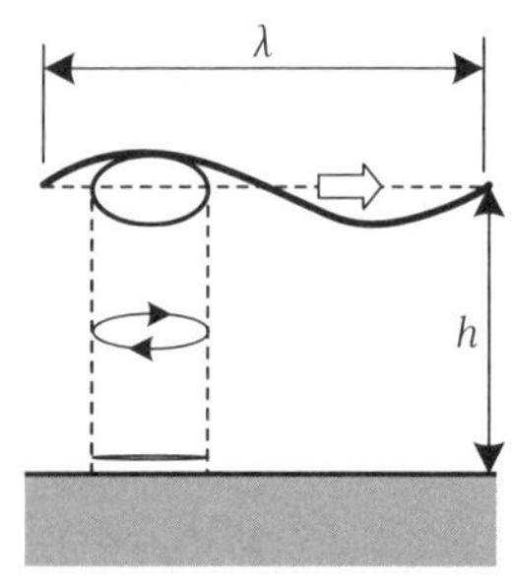

(a) 長波（$\lambda/h > 20$）

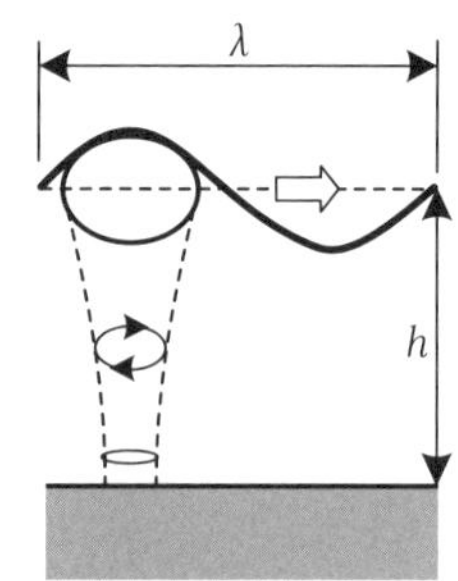

(b) 浅海波（$2 < \lambda/h < 20$）

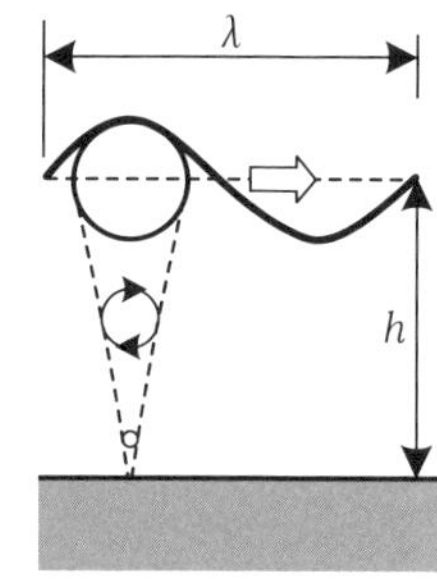

(c) 深海波（$\lambda/h < 2$）

図 2　波長と水深の比の違いによる流動の変化

長波：$C = 3.13\sqrt{h}$， $T = \dfrac{\lambda}{3.13\sqrt{h}}$ (2)

式(2)に水深 h=4000 m と h=10 m を入れて計算すると C=198 m/s, と 9.9 m/s の値が得られる．Cの値を時速に直すと 712 km/h と 36 km/h となり，外洋の水深が深いところでは飛行機並みの速度で伝搬することがわかる．また，水深 10 m でも速度は 36 km/h（=10 m /s）なので，海辺で襲ってくる津波から走って逃げ切ることはできない．

波長 200 km（λ = 200000 m）と水深 h= 4000 m から式(2)を使って周期 Tを求めると T= 1010 s となり，周期は約 17 分となる．このような長周期・長波長の波は減衰しにくいのも特徴で，1960 年 5 月に南米チリで発生した地震では，震源で発生した津波が 23 時間後に日本の太平洋岸に到達し，波高 2 m 程度，場所によっては 4 m 以上の津波が到達し，死者 119 名の被害となった．津波の危険を察知すれば，素早くできるだけ高い場所に避難することが重要なのである．

参考文献

1）首藤伸夫：津波はどこまで解明されているか，日本流体力学会誌「ながれ」V21，（2002），pp.474-480.

2）服部昌太郎：海岸工学，コロナ社，（1987），p.72-78.

3）服部昌太郎：海岸工学，コロナ社，（1987），p.23-28.

4）国土交通省　国土地理院，平成 23 年（2011）東北地方太平洋沖地震に伴う地殻変動と震源断層モデル，ホームページ　https://www.gsi.go.jp/cais/topic110422-index.html.

【関連トピックス】

発展編 15

水と油の狭間で起こる現象ってどんなもの？

水と油の境界面を気泡が通過したらどうなるのでしょうか？

水と油の境界面を気泡が通過すると界面付近が白濁するよ．気泡が水と油の界面を通過するとき，下側の水を上側の油層に引き連れて浮上するんだ．そのとき，気泡のまわりには薄い水の膜が形成されるが，気泡の上昇にともなってその水膜の厚さは薄くなり，やがて破れるよ．水膜が破れると，破断点を起点として水膜上にさざ波が発生し，その波の山から多数の微細な水滴が飛び出す．白濁の原因は，この微細な水滴群なんだ．

さらに解説

性質が合わず，しっくり調和しないことを意味する慣用句として「水と油」がある．物理的にも水と油は混ざらない．水分子は一つの水素原子と二つの酸素原子が電気を帯びていて（水素原子がマイナス，酸素原子がプラス），それぞれが引き合って結合している．このような結合を水素結合といい，非常に強い結合をしている状態である．他方，油には極性はなく，油の分子は分子間力で結合している．結合状態の強さとは，水なら水分子同士，油なら油分子同士がお互いに引き寄せ合う力のことで，これが表面張力に対応する．水と油では表面張力の大きさが大きく異なるので（水の表面張力は 0.0727 N/m で，油に比べてとても大きい），水と油は混ざらない．逆に，表面張力の大きさが同じ程度の液体同士は混ざりやすい[1)]．

それでは，「水と油はどうやっても混ざらないか？」と聞かれれば，混ぜる方法はある．それは界面活性剤（例えば，石けん）を添加すればよい．石けんは水と結合しやすい親水基と，油と結合しやすい親油基の両方をもち合わせている．石けんの親水基が水と混ざり，親油基が油と混ざる（図１参照）．このように，石けんが水と油の仲介役となって混ぜることができる[1),2)]．

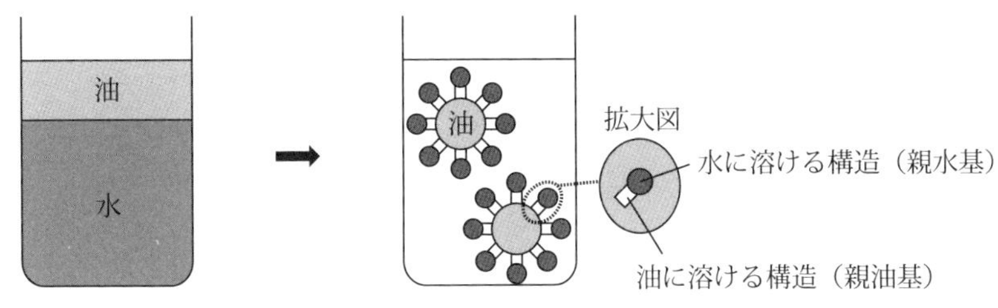

図１　石けんを添加すれば水と油が混ざる !?

水と油のような互いに混じり合わない液体間の境界面では様々な興味深い現象が見られる．ここでは，その中から一つの気泡が油水界面を通過するときの現象を取り上げてみよう[3),4)]．図２(a)のように，容器の中に水と油（ここでは，シリコーン油）を入れれば，密度の大きい水は下層に密度の小さい油は上層に分離した状態になる．この容器の底に取りつけたノズルから単一の気泡を静かに投入すれば，気泡は浮力で上昇し油水界面を通過する．その様子を撮影した写真が図２(b)になる．下側の水層を上昇する気泡が油水界面を通過するとき，気泡はその周囲に水をまとって油層に侵入する．そのとき，気泡の背後には上昇する気泡によって引き連れられた水柱が油層にまでもち上げられる．

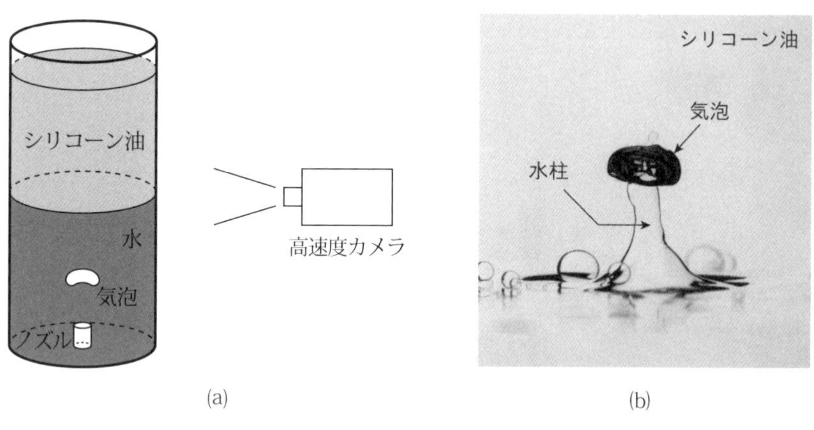

図2　実験装置の概要と油水界面を通過する気泡の様子

このときの様子を高速度カメラで撮影した詳細な結果が図3になる．図3の上段は側方から，下段は上方からその様子を捉えている．油水界面を通過する気泡はその周囲を水でまとって油層に侵入する．気泡の周囲をまとっている水膜は気泡の天頂点付近で薄くなり，やがて破れてしまう．水膜が破れると，そこから水膜上を波が伝播していく様子が観察できる（引き伸ばしたゴム紐を離すと，ゴム紐は波打ちながら縮むのと同じである）．これについては次のように考えることができる．図4は破れた瞬間の水膜の模式図を描いている．水膜が完全に空気で覆われている場合（図4(a)），水膜は上側と下側の両方で同じ大きさの表面張力（水の表面に働く張力のこと）で引っ張られる．一方，図3に見られる水膜の場合，図4(b)のように水膜は上側で油と下側で空気と接触している．水膜の上側（水と油）に働く張力と下側（水と空気）に働く張力を比べれば，上側の張力の方が小さい．水膜がこのような上側と下側で異なる張力で引っ張られた場合，張力の小さい側ではシワがよってしまい（実際には，流体なのでシワではなく波立つことになる），図3のような「さざ波」が水膜上を伝わっていく．しかも，このさざ波が水膜上を伝わっていく間に，波の山から微細な水滴群が飛び出す．その様子を捉えたものが図５になる．この写真は，図３(下段)の写真(f)中の白枠部分を拡大表示したものである．

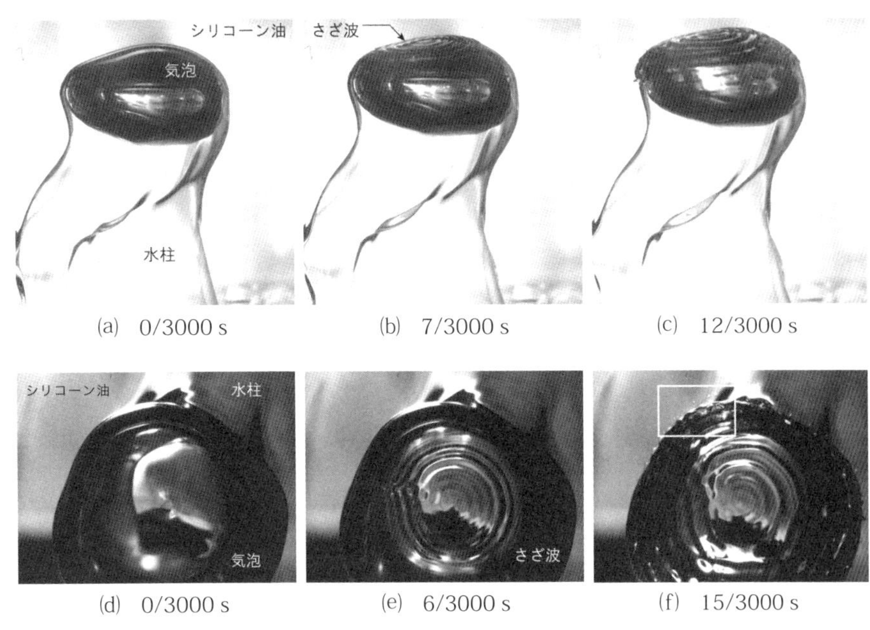

図３　高速度カメラによる油水界面を通過する気泡の様子
(上段)：横方向からの撮影，(下段)：上方向からの撮影

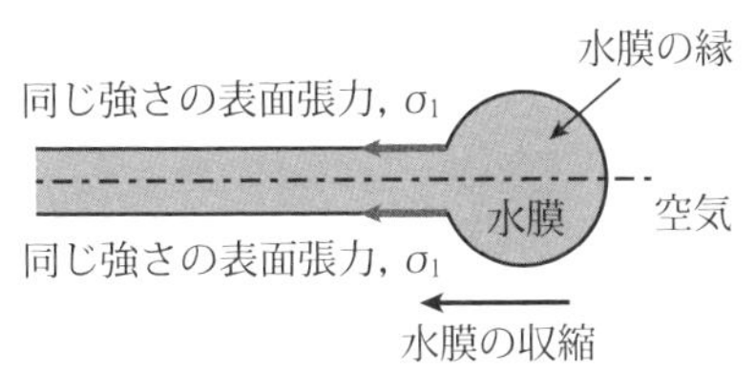

(a)　水膜が全面空気と接触している場合．水膜の上下の表面張力は等しい．

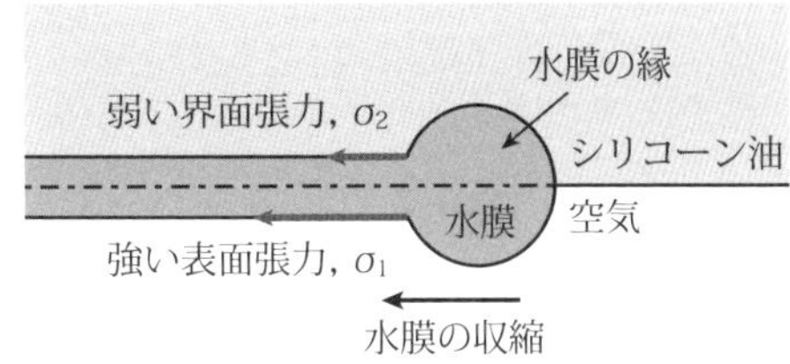

(b)　水膜の上側が油，下側が空気と接触している場合．水と空気の表面張力は水と油の界面張力よりも大きいので（$\sigma_1 > \sigma_2$），水膜の下側の方が上側より強い力で引っ張られる．それによって，水膜の上側にさざ波が形成される．

図４　表面張力によって引っ張られる水膜

このようなマイクロスケールで起こる現象は肉眼では，油水界面付近が白濁しているようにしか見えない．高度な可視化撮影の技術を駆使することによって，「白濁の原因は水膜上を伝播するさざ波から飛び出した微細な水滴群である」と突き止めることができる．みなさんの中にもカメラや写真撮影に興味がある人がいれば，その人は将来，趣味を研究活動に活かすことができるかもしれない．

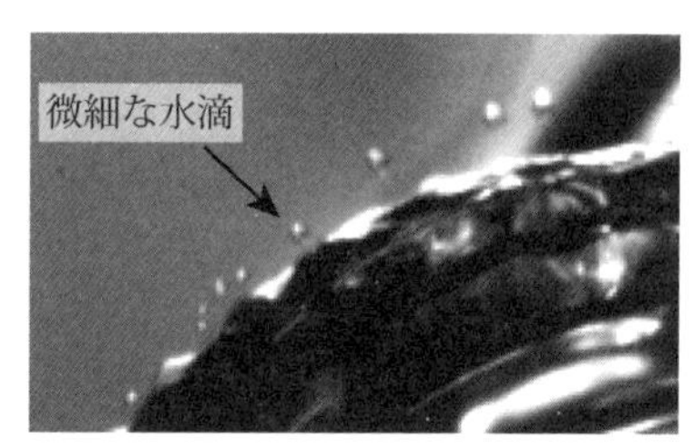

図5　図3（下段）の写真(f)の白枠部分を拡大表示

参考文献

1） 水と油が混ざらない理由を実験で検証！：https://thewonder.it/bukatsu/freely_research/article/130/（閲覧日：2021年12月25日）．

2） 水と油のふしぎな関係：https://www.honda.co.jp/kids/jiyuu-kenkyu/middle/25/page2/（閲覧日：2021年12月25日）．

3） Uemura, T., Ueda, Y. & Iguchi, M.：“Ripples on a rising bubble through an immiscible two-liquid interface generate numerous micro droplets,” EPL（Europhysics Letters），vol.92，（2010），34004.

4） Uemura, T., Ueda, Y. & Iguchi, M：“Visualization of ripples on the surface of a rising bubble through an immiscible oil/water interface,” Journal of Visualization，vol.14，（2011），95.

池にものが落ちたときに聞こえるポチャンという音って，どこからやってくるの？

Q 水の中にものが落ちたときのポチャンという音，この音はどこからやってくるのでしょうか？

A 物体が水中に落ちたとき，物体とともに水中に引きこまれてできた気泡が振動することによって音が出るよ．

さらに解説

川辺で川に向かって石を投げこむと，ポチャンという音がする．この現象は，石やゴルフボールなどの物体が水没するような場合に限らず，コップの中にストローから息を吹きこむ場合にもコップの中では泡を生じながらブクブクという音がする．ほかには，閉めているはずの水道の蛇口から滴る水滴が，下の洗い桶の中に落ちてポタポタと音を立てる，このような煩わしさを経験したことのある人も多いだろう．これらはずっと以前から知られている自然現象であるが，その理由が明らかにされたのは 2018 年と非常に最近のことである．

2018 年，英国ケンブリッジ大学の Phillips らの研究グループは，スポイトから滴下した水滴が水面に落下したときに発する音の起源について実験的に明らかにした[1)]．水面に衝突した水滴は，その背後に空気を伴いながら水中に貫入する．水滴に伴われて水中に侵入してきた空気は，水滴の水没とともに水中の深くまで引きこまれ，細長い形状となる．水と空気の間には水圧と表面張力が働くため，細長く伸びた空気柱は，その途中でくびれが生じ，やがて分裂してしまう．この分裂によって形成された気泡は，そのときの反力で振動する．この振動が水に振動を与え，その水の振動が水面に振動を与える．そして，水面の振動が空気を揺らし，我々の耳に届いてくるというわけである．つまり，水滴が水面に落下したときに聞こえる“ポチャン”という音は，水滴によって水中に引きこまれてできた気泡の振動が音源となっている．

冒頭で列挙したように，気泡の振動が音源となる水中音は，ほかにも様々な状況で見られる．例えば上述した，球体が水中に水没する場合である．これはゴルフボールを池に打ちこんでしまった場合に発せられるポチャンという音と関連する．

水中音の話に先立って，球体が水没するときの様子について説明しておこう．撥水性の表面をもつ球と親水性の表面をもつ球が水没するとき，水中での様子はまったく異なる(図１参照)．一般に，固体表面の濡れ性は，水を弾く“濡れが悪い(撥水性，疎水性)”場合と，その反対で“濡れが良い(親水性)”場合に分けられる．そのような性質をもつ球がそれぞれ水面に衝突した瞬間に形成される水膜は，濡れ性の良い球では球表面に張りつくが，濡れ性の悪い球では球表面からはがれてしまう(図2)．その結果，濡れ性の良い球が水没したとき，球は完全に

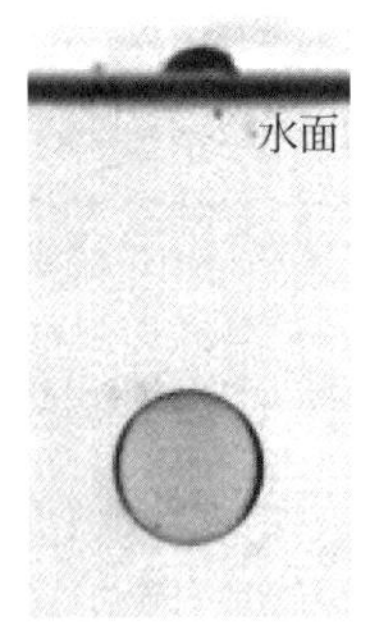

(a)　濡れの良い球　　(b)　濡れの悪い球

図１　濡れ性の良い球と濡れ性の悪い球が水没したときの様子

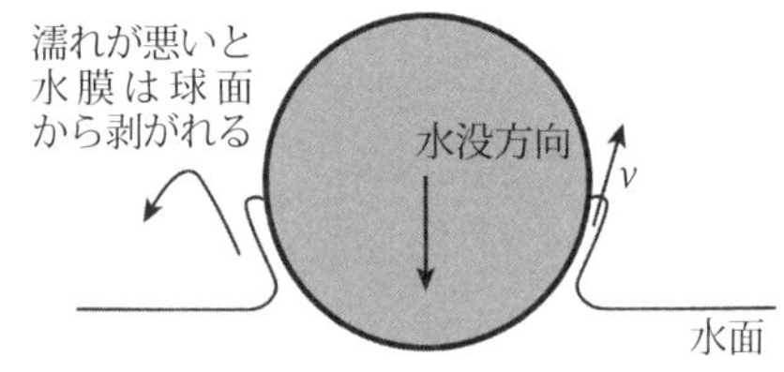

図２　球が水没した瞬間に形成される水膜．球表面の濡れが悪い場合，この水膜は球から剥がれてしまい，球背後に空隙（キャビティ）ができる

水で覆われるが，濡れ性が悪い球の場合には，球の背後に空洞部分（空気の相でキャビティという）ができてしまう．このことが，図1のような違いができる要因である．

それでは，球が水没するときに聞こえるポチャンという音は水没後のどの時点から発せられるのだろうか？　図3と図4は，撥水球が水没するときに形成するキャビティの様子を高速度カメラで撮影（毎秒15000コマで撮影）した写真画像と，そのときに発生する音を水中マイクで録音した結果である[2]．球の水没とともに，空洞部分（キャビティ）はある程度伸びたところで，くびれ始める．音の圧力はキャビティがくびれ始めた頃から急激に大きくなり，キャビティが分裂した直後に，発せられる音圧は最大となる．キャビティが分裂した後，キャビティの一部は球の背後に貼りつき，振動しながら球とともに水中を沈降していく．この気泡の振動数は，発生する音の周波数と一致する．このことから，ポチャンという音は，水没球の背後に形成されたキャビティが分裂した後，球に付着したキャビティの振動が音源であると考えられる．

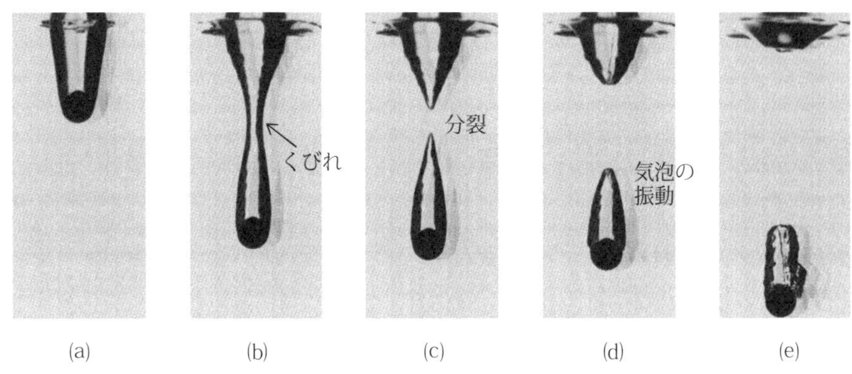

図3　水没する撥水球背後に形成されるキャビティのスナップショット写真
（記号(a)から(e)はそれぞれ図4に記載された記号に対応する）

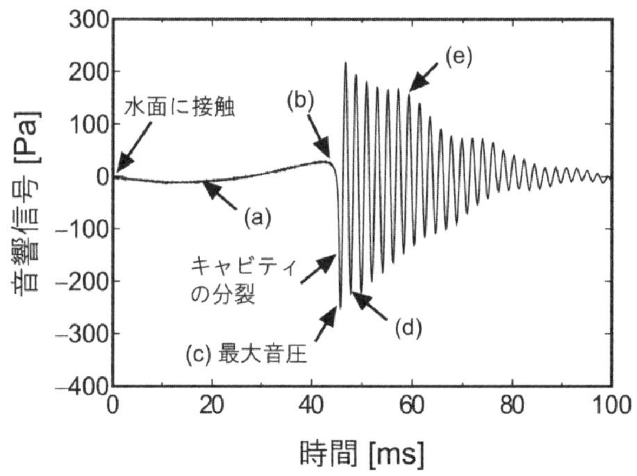

図４　水没する撥水球によって発せられる音
（横軸はミリ秒，縦軸は圧力の単位 Pa（パスカル））

それに対して，濡れ性の良い（親水性）球が水没する場合には，図１(a)のように，球の背後にキャビティは形成されない．したがって，水没時に発する音も非常に小さくなる．実際に，親水性の球が水没するときの音を耳で聞いてみると，ほとんど無音で水中に侵入する．

このような水没球の問題（特に，キャビティ形状の問題）は，1897 年に英国の Worthington & Cole によって高速度カメラで撮影された研究[3)]を発端として，第二次世界大戦中から戦後にかけて，軍事研究（爆撃機から水中を航行する潜水艦に向けて発射された爆弾の力学）として遂行されたという苦い歴史もある[4)]．海外では，先端研究が軍事と関連することはよく見られる．研究者は崇高な倫理観の下で研究しなくてはならない．

参考文献

1） Phillips, S., Agarwal, A., & Jordan, P. : “The sound produced by a dripping tap is driven by resonant oscillations of an entrapped air bubble,” Scientific Report, vol.8, 9515 (2018).

2） Ueda, Y. & Iguchi, M.：“Meaturement of underwater sound Produced by a hydrophobie sphere entering water,” Journal of Visualization, vol.25, pp.443-447, (2021).

3） Worthington, A. M. & Cole, R. S.：“Impact with a liquid surface, studied by the aid of instantaneous photography,” Philos. Trans. R. Soc. Lond. A vol.189, pp.137-148, (1897).

4） May, A：“Vertical entry of missiles into water,” Journal of Applied Physics, vol.23, pp.1362-1372 (1952).

【関連トピックス】

基礎編 11，発展編 5，発展編 6

枯れた木の葉が直線的に落ちないのはなぜなの？

枯れた木の葉，ひらひら舞いながら落ちるのはなぜでしょうか？

木の葉が落下するとき，木の葉の両端から渦が交互に放出されるんだ．一般に，流れの中に渦があるとき，そこでは圧力が下がるよ．木の葉がひらひらと舞いながら落ちるのは，木の葉の両端から交互に渦が放出され，それによって木の葉の左右で圧力のバランスが崩れるからだよ．

さらに解説

夏祭りの縁日で，水槽の中で１円玉を落とし，水槽の底に置かれたお椀の中に入れる「水中コイン落とし」を経験したことがあるだろうか．これは一見簡単そうに見えるが，水槽の中で落下するコインは水から力を受けて不規則な運動するので，狙い通りに落とすのは難しく，簡単にはお椀の中に入ってくれない．このように物体が流れから力を受けて回転運動する現象はオートローテーション（自動回転）と呼ばれている．

オートローテーションは，その発生機構に応じて次のように分類されている[1)]（図 1）．

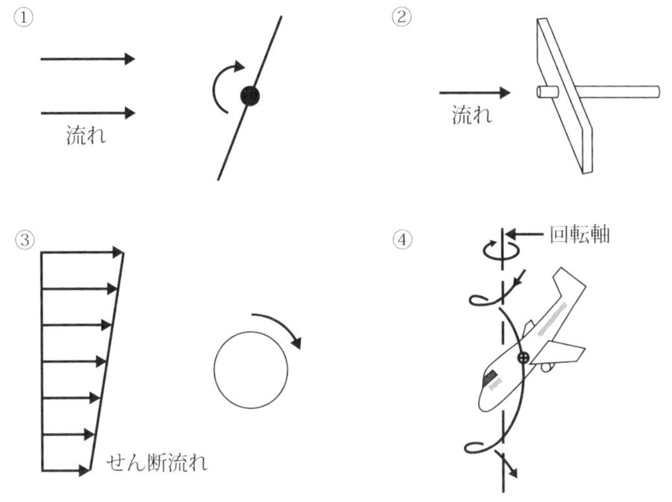

図1　様々なオートローテーション

① 物体の回転軸が流れの方向に垂直な場合．サボニウス風車に代表される垂直軸型風車がこれに相当する．

② 物体の回転軸が流れの方向に平行な場合．オランダ型風車のような水平軸型風車がこれに相当する．

③ 流れが速度勾配をもっている場合（せん断流れという）．この場合，球のような対称な形状の物体であっても回転する．

④ 航空機のような非対称な物体が回転しながら落下するような場合である．水中コイン落としもこれに対応する．

それでは，落下する木の葉は流体からどのような力を受けて，回転運動をするのだろうか？

質量 m の質点（質量はあるが，大きさは無視できる物体のことをいう）が外から力 F を受けるとき，その運動（加速度 $\boldsymbol{a} = \mathrm{d}^2\boldsymbol{x}/\mathrm{d}t^2$）は直線運動となり，ニュートンの運動方程式，

$$m\boldsymbol{a} = \boldsymbol{F} \tag{1}$$

によって記述できる．一方，木の葉のような“大きさ（力学では，慣性モーメントという）”のある物体（剛体という）の場合，重心のまわりに回転運動もするので，それを記述する運動方程式も解かなくてはならない．木の葉が流れから受ける力は，圧力とせん断応力（単位面積当たりの摩擦力に相当する）による力の二つである．これらの力は，木の葉の表面上の場所ごとに異なる．例えば，渦を放出した付近では局所的に圧力は下がる．物体を回転させる能力はモーメントと呼ばれ，それは作用する力と作用点からの距離の積で表される．枯れた木の葉がひらひら舞い落ちるときの軌跡は，ある瞬間ごとに木の葉が流体から受ける力とモーメントを求め，その値を式(1)と回転の運動方程式に代入して知ることができる．

図２は，扁平な楕円柱が流体中をひらひらと姿勢を変えながら落下しているときの流れの様子を数値計算した結果である[2)]．時計回りに回転している最中の楕円柱（図２(b)）は下側先端から渦を放出し，その背面では圧力が下がってしまう．それによって，楕円柱下側では上向きの力を受けることになり，反時計回りのモーメントが生じる（図３）．その結果，楕円柱の傾きが左右逆転し，今度は反対側で同じ現象が起こる（図２(a)）．このようにして，木の葉のような扁平な物体は流体中をひらひらと姿勢を変えながら落ちるわけである．

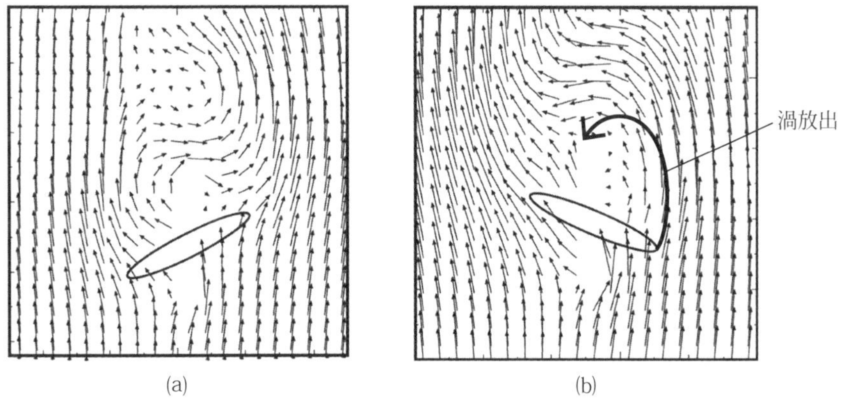

図２　落下する楕円柱まわりの流れの様子[2)]

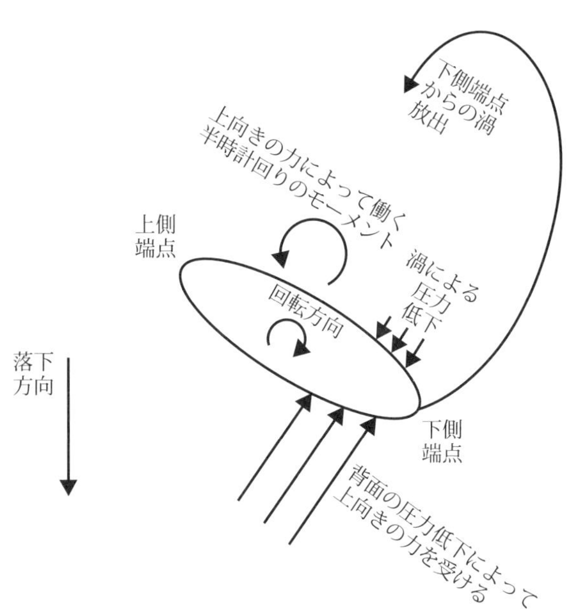

図３　オートローテーションの機構

以上から，冒頭の「水中コイン落とし」の落とし方としては，図4（右図）のようにコインを水面に対して垂直に落とすことである．そうすれば，コインが落下中に端面から放出する渦を小さくすることができるため，コインの揺らぎを抑えることが可能になる．しかしながら，人間の手でコインを完全に垂直に落とすことは難しく，現実には少しのブレが生じてしまう．そのブレによって傾いたコインの端面から渦が放出されてしまい，やはり揺らぎながら落下してしまうことだろう．結局，水中コイン落としを成功させるには運が必要なのかもしれない（コイン面が回転するように落としたらどうなるだろう？）．

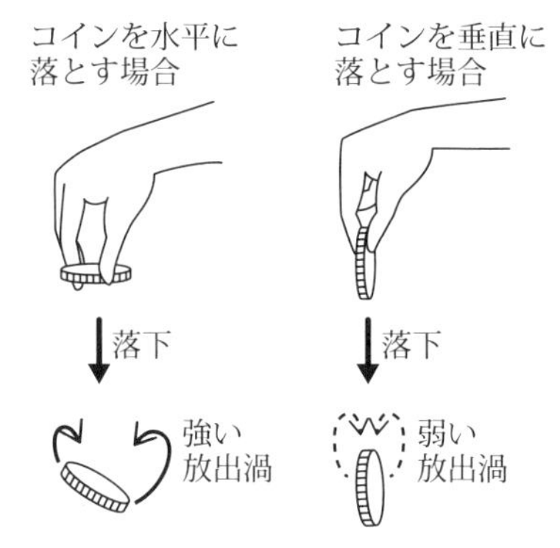

図4　コイン落としゲームでの落とし方

参考文献

1）Lugt, H.J.：“Autorotation,” Annual Review of Fluid Mechanics, vol.15（1983）, pp.123-147.

2）Ueda, Y. & Kida, T.：“Behavior of a two-dimensional macroscopic particle falling in a viscous fluid by a vortex method,” *Proc. 5th JSME–KSME Fluids Engineering Conference,*（2002）, OS17-3.

【関連トピックス】

基礎編 6，基礎編 13，発展編 9，発展編 20

波力発電とはどのようなもの？

波力発電というのはどのような発電方法なのでしょうか？

現在，波のエネルギーを機械の運動に変換する様々な形式の波力発電システムが開発されており，実用化に近づきつつある．しかし，解決すべき課題もあるよ．

さらに解説

近年，地球環境やエネルギー供給の問題から，風力や太陽光などを代表とする自然エネルギーを用いた発電手法が注目されている．日本は長大な海岸線を有するため，波力は有力なエネルギー源の一つと考えられる．ここでは，将来的な電力供給源の一つとして期待される波力発電装置について解説する．

まず，海において，波のエネルギーがどれくらいあるのかを見てみよう．波のエネルギーは，波高，波の周期，水深によって変化するが，主に波高の２乗に比例する．日本近海の波浪状況では海岸線１ m当たりに波から取れるエネルギーは10 kW程度である[1)]．日本の海岸線の長さは世界で６番目に長く，29700 kmもある[2)]．したがって，両者を単純に掛け合わせると波力による潜在的なエネルギー量は約3×10^{11} W程度となる．これは日本の全発電設備容量（約2.5×10^{11} W[3)]）の約1.2倍に相当する．ヨーロッパ沿岸では波浪のエネルギーが１ m当たり50 kW程度であり[1)]，この高いエネルギー密度を活かした大型の波力発電システムの開発研究が活発である．対して，日本では長大な海岸線に到達する比較的小さいエネルギーを有効に活用する必要がある．これまでに世界中で様々な構造の波力発電装置が提案されているので，ここでは装置の構造を三つの種別に分けて解説する[4)]．

■ 振動水柱型

振動水柱型発電装置の構造を図1(a)に示す．装置内に空気室を有することが特徴である．波浪により空気室内の水柱が上下動し，ダクト部に往復する気流が発生する．この気流でタービンを駆動して発電する．タービンには往復気流においても一定方向に回転するウェルズタービンが用いられる．可動部が直接水流に触れないため耐久性に優れる長所があり，これまで多くのシステムに採用されてきた．しかし，空気を介するためにシステムが大型となり効率も低くなることなどから近年はほとんど用いられなくなった．

■ 越波型

越波型の装置では波動のエネルギーをいったん位置エネルギーに変換してから発電に利用する．図1(b)に示すように貯水タンクに波を越波させて海水を貯め，タンクの液位と海面との水位差で水流を発生させて水車を駆動する．本構造を採用するシステムはさほど多くないが，デンマークでは，Wave Dragon と呼ばれる大規模な発電システム（出力4 MW）の開発が進められ，縮小機を用いた実証試験も行われている．

■ 可動物体型

可動物体型では，波動により物体を運動させて発電のための動力を得る．波動のエネルギーをほかのエネルギーに変換しないため，原理的に高い効率が期待できる．このため，近年このタイプの発電システムが特にヨーロッパにおいて数多く提案されている．一例として，イギリスで開発されているPelamis（出力750 kW）の構造を図1(c)に示す．円筒形（直径3 m，長さ35 m）の複数の浮体がジョイントで連結されており，ジョイント部の屈曲運動を油圧で動力に変換して発電する．Pelamisのほか，浮体のピッチング運動でジャイロ（回転体）を回転させて発電するシステムや波動による水流で平板を振り子運動させるシステムなどがあり，極めて多種多様のシステムが提案されている．

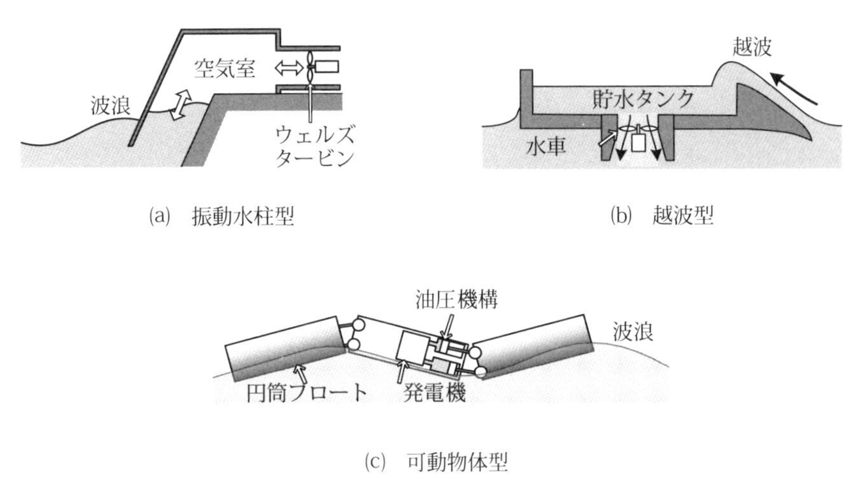

(a)　振動水柱型　(b)　越波型

(c)　可動物体型

図1　波力発電装置

波力発電装置は海上に設置する特殊性から強い波浪に耐える強度や海水に侵されない耐食性が求められる．これらの機械的な問題のほかに，実用化に向けた課題として他産業への影響の問題がある．日本では海運業や水産業が盛んであり，船舶の航行安全や漁場確保の問題から海上に構造物を設置することが厳しく制限されている．このため，大型の発電装置を海上に新たに設置することは大変困難である．欧米に比べて波のエネルギーも小さいことから，既存の構造物内に設置できる程度の小型で効率の良い発電装置を広く普及させてエネルギーを得ることを考える必要がある．

このような観点から，著者の研究グループは既存のスリット式防波堤（図2）を利用したミニ波力発電システムを提案している．スリットとは細長い隙間のことである．スリット式防波堤は近年普及が進んでいる防波堤であり，スリットから流入する流れのエネルギーを内部の遊水室で渦にして消波する．狭いスリット部で水流が加速整流される効果を利用して，この水流でサボニウス型水車を駆動する装置を開発している．サボニウス型水車は流れの方向によらず，一定方向に回転する水車で，スリットを流れる往復流で駆動する．1基当たり最大10 kW程度の最大出力を目標とし，これを複数基設置して周辺地域に電力供給を行うシステムの構築を目指している．

(a)　スリット式防波堤

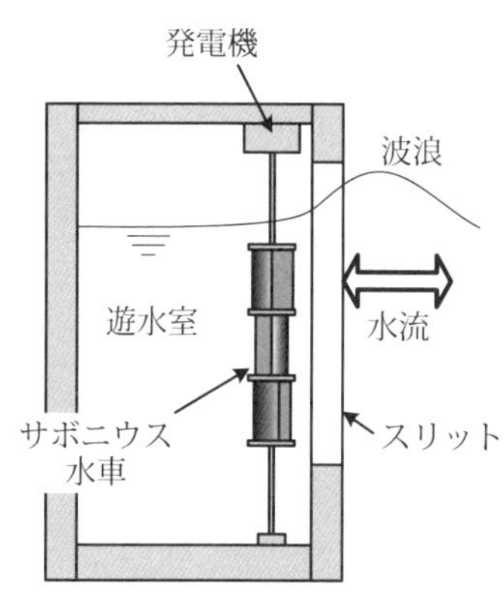

(b)　発電装置の概略図

図2　スリット式防波堤を用いた波力発電システム

参考文献

1）渡部富治，近藤俶郎：波力発電　21世紀のクリーンな発電として　原理から応用まで，パワー社，(2005)．

2）United States of America Central Intelligence Agency : World Fact Book，ホームページ，https://www.cia.gov/the-world-factbook/countries/japan.

3）経済産業省資源エネルギー庁：発電設備容量の実績，Web ページ https://www.enecho.meti.go.jp/category/electricity_and_gas/nuclear/001/pdf/001_02_003.pdf.

4）国立研究開発法人新エネルギー・産業技術総合開発機構：NEDO 再生可能エネルギー技術白書　第２版　—再生可能エネルギー普及拡大にむけて克服すべき課題と処方箋—　第６章　海洋エネルギー（2014），pp.1-84, https://www.nedo.go.jp/content/100544821.pdf.

【関連トピックス】

発展編 11，発展編 16

高空発電というのはどのようなもの？

凧の８の字型飛行が発電に使えるって聞いたけど，本当ですか？

凧が空中に静止していれば無理だけれど，動かして凧が受ける空気力を時間的に変化させれば可能になるよ．

さらに解説

凧を揚げると，凧が風から受ける空気力（専門用語では空力）によって糸が引っ張られる．このとき，ただ凧を空中に静止させているだけでは，凧は一定の空気力を受けているだけで仕事せず，エネルギーを得ることはできない．そこで，手元の糸を抑える力を緩めると，凧は空気力を受ける方向（実際は凧に作用する重量も影響する）へと動き始める．このときに，糸に張力が掛かっていると，この凧は仕事をすることになる（つまり，エネルギーを生み出す）．しばらくしてから凧の姿勢を変えて空気力を小さくすると糸は緩む．そのとき糸を巻き戻し凧を元の位置まで戻す．糸を抑える力を緩めたときに得たエネルギーよりも，糸を巻き戻すときの仕事が小さければ得られるエネルギーは正になり，採算がとれる．このような仕組みを利用する発電方法を，高空発電と呼ぶ．

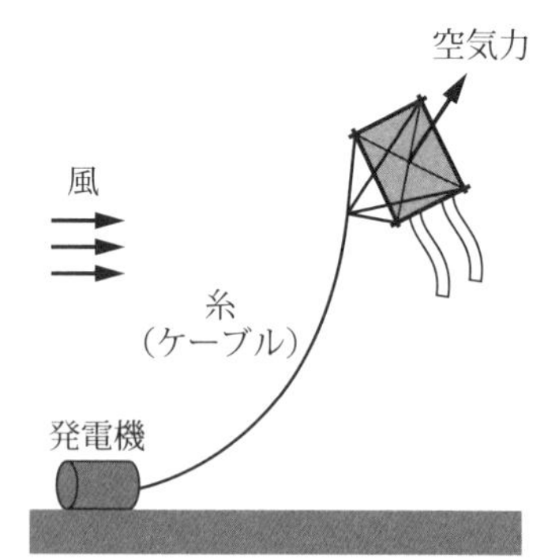

図１　凧による高空発電

ただ凧が飛び去っていくときに加わる空気力だけではなく，もっと大きな力を得る工夫を考えてみよう．風の中を帆船が進むとき，帆船に当たる風速は帆船の進行速度の分だけ大きくなる．帆が風から受ける空気力は風速の２乗に比例して大きくなる．帆船と同様に，凧も風の中を風向に向けて垂直に上下左右に運動させてみてはどうだろう．そうすると，凧には凧の移動速度と風速が合成された強さの風が当たる．この速度は，当然風速をそのまま受けているよりも大きい速度であるので，凧に加わる流体力は，静止時の速度の大きさの比の２乗になる．つまり，一様流速と同じ速度で移動すれば，速度は$\sqrt{2}$倍になるので，力は２倍になる．凧や飛行機を用いた高空発電で利用する力は糸に垂直な方向の力ではなく糸と同じ方向の力である．以上より，同じ風速下でより大きな出力を得るためには，凧を最適な速度で移動させることが合理的だとわかった．

では，本来は並進させるだけで良いのだが，なぜ８の字で機動させるのだろうか．運用上，無限に並進させることは不可能である．そこで，凧を円運動させれば，単純機動で連続的に並進運動が可能になる．しかし，同一円周上を一方向に回し続けるためには，凧糸であるケーブル（テザー）がねじれない工夫が必要になる．そこで，１回転ごとに反転する８の字機動を採用すれば，この問題も幾何学的に解決することができる．このような理由から，高空発電の凧は８の字軌道を採用している．

【関連トピックス】

基礎編 13，基礎編 14，発展編 15，発展編 18

船をより速く走らせる技術とは？

船をもっと速く走らせる方法はないでしょうか？

船底を覆うようにマイクロバブルを流すともっと速く走れるよ.

さらに解説

速い船というと何を思い浮かべるだろうか？　ジェットホイルと呼ばれる高速船がある．このジェットホイルは図１に示すように，船の底に飛行機のような水中翼があって，その翼で浮きながら走る．浮くといっても空中に飛ぶわけではないのだが，水中翼によって船が水面近くまで浮きあがり，水と船が接している部分が小さくなる．この水と船の接している部分の摩擦抵抗はとても大きく，船が少し浮くだけでも抵抗を小さくすることができ，その分，高速で航行することができるようになる．

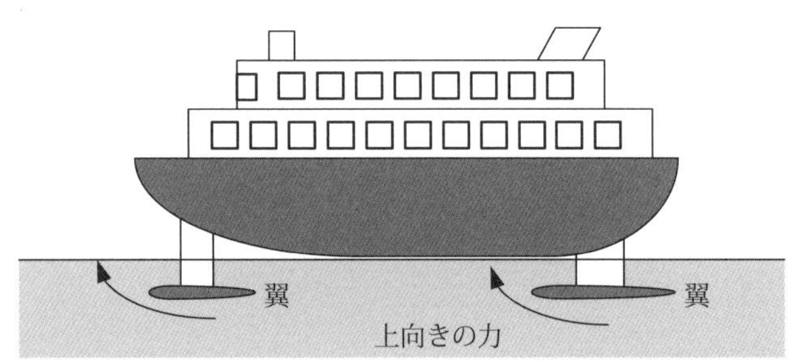

図１　ジェットホイルの航行イメージ

一方でこのジェットホイルのような高速船はその構造上，どうしても船体を大型化することができない．例えば，貨物や原油・天然ガスなどを外国から輸送する大型タンカーなどをこの方法で高速化することは極めて困難である．一方で，大型タンカーなどは長距離を輸送するため，どうしてもその航行には距離に応じた大きなエネルギー（燃料）が必要となる．したがって，大型タンカーの摩擦抵抗を低減することができれば，そのエネルギー削減効果は，小型船の摩擦抵抗低減で得られる効果よりも，非常に大きなものになる．そのような背景のもと，大型船の摩擦抵抗低減方法として考えられた技術の一つにマイクロバブルによる方法がある．マイクロバブルって何だろう？という話になると思うが，簡単にいえば非常に細かな気泡である．一般に直径が 1 μm から 100 μm の間の直径の空気の泡のことをマイクロバブルという．それより細かな気泡のことをナノバブルという．マイクロバブルやナノバブルといえば，皆さんは何を思い浮かべるだろうか？　最近よくいわれているのがお風呂にマイクロバブルやナノバブルといった微細な気泡を入れると，汚れが落ちる，もしくは，血行が促進されるという話も聞く．これらは微細気泡の工業的実用例の一つである．このようなマイクロバブルの一例として，マイクロバブルを水槽に多数混入させたサンプル画像を図 2 に示す[1)]．高濃度のマイクロバブル水は一般的には図 2(b)に示すように，白濁した液体に見える．本テーマの摩擦抵抗低減効果とは直接関係ないが，マイクロバブルで油汚れが落ちる理由は水中のマイクロバブルの表面が油汚れなどを吸着するためである．もちろん通常の気泡でも油汚れは落ちる．しかし，同じ体積のマイクロバブルと通常サイズの気泡について，気体と液体の境界（気液界面）の面積を比べた場合，マイクロバブルは半径が小さいために，気液界面の面積はマイクロバブルの方がとても大きくなる．したがって，油汚れとの接触面積がとても大きくなり，マイクロバブルの方がより効果的に油汚れを落と

(a)　マイクロバブル発生前

(b)　マイクロバブル発生後

図2　マイクロバブルの例

すことができる．また，マイクロバブルは浮力が小さいため，通常の気泡に比べて水中に長くとどまることができる．そのため通常の気泡よりも多くの油汚れを吸着する効果もあるといわれている．

話を元に戻そう．そのようなマイクロバブルを用いるとなぜ船が速くなるかという話であるが，それは船によって生じる水の乱れとマイクロバブルとの関係がポイントになる．水などの液体の流れに空気を混ぜた流れは，気体の空気と液体の水が一緒に流れているので気液二相流と呼ぶが，一般にこの気液二相流は，水だけの流れに比べて抵抗が増えることが知られている．抵抗が増えるということは水が流れにくい，というイメージで問題ない．一方で，マイクロバブルに代表される微細な気泡をある条件下で混入させると逆に通常よりも抵抗が減る場合がある，ということが最近の研究で報告されている．そのメカニズムについては完全には明らかになってはいないのだが，次のようにいわれている．流れには大きく分けて層流と乱流がある．層流は滑らかに流れており，乱流は文字通り，乱れて流れているイメージである．流動抵抗の観点からすると，層流に比べて乱流の方が，はるかに抵抗が大きくなる．これは，乱流の方が，流れが乱れているからである．これのもとになるのは小さな渦であるが，この流れを乱す渦は壁のごく近くの領域から生み出される．逆に言えば，壁のごく近くの乱流のもととなる渦を生じにくく，もしくは渦が広がるのを何らかの方法で抑えられれば抵抗を減らすことができる．そこで，この壁のごく近くの領域（境界層という）にマイクロバブルを混入させると，乱れの元である渦のもつエネルギーが，このマイクロバブルによって吸収されて，流れが乱流になることを抑制し，その結果，抵抗が減少するというようにいわれている．これがマイクロバブルによる抵抗低減の簡単なメカニズムである．このマイクロバブルの抵抗低減効果の実用化の一つに上述した船舶の抵抗低減技術がある．これは，図 3 に示すように．船底という“壁”近くにマイクロバブルを流すと，上記メカニズムにより船底と海水との摩擦抵抗が低減される．抵抗が減ると，同じエネルギー（燃料）で航行する場合，より速い速度を出すことができる．もしくは，同じ速度で航行する場合には，より少ないエネルギーで航行することができる．これは，省エネルギーの観点から非常に重要な技術である．この抵抗の低減技術は実際の船舶を用いた検証実験も行われている．例えば，海技教育機構の練習船である青雲丸を用いた実験が有名で，これによると 2 %程度の抵抗低減効果が確認されている[2)]．この技術を実際に実用化するためには，より少ないエネルギーでマイクロバブルを生成する方法やその効果的な混入方法など，乗り越えるべきハードルがあるのも事実であるが，一般的な船舶にマイクロバブルの抵抗低減技術が応用されるのもそう遠い将来の話ではないと思われる．

図 3　マイクロバブルによる船舶の抵抗低減のイメージ

参考文献

1） 荒賀浩一，村田圭治：水 - マイクロバブル 2 相流の流動特性－速度分布測定および流動状態の可視化－，近畿大学工業高等専門学校研究紀要（7），（2014），pp.1-3.

2） 川島久宣，児玉良明：マイクロバブルによる摩擦抵抗低減に関する実験的研究，ながれ，Vol. 25，No. 3，（2006），pp.209-217.

【関連トピックス】

基礎編 2，基礎編 3，基礎編 14，発展編 1，発展編 18

柱の形で空気抵抗は違うの？

円柱と正方形柱，正面から風を受けたとき，抵抗が小さいのはどちらでしょうか？

もちろん抵抗は円柱の方が小さいよ．しかし，正方形柱の角を少し切り落とすと円柱よりも小さくなるよ．

さらに解説

流れの中に置かれた物体の空気抵抗（物体が空気の流れから受ける力）Dを考えるために，小さな円柱１とそれと幾何学的に相似な大きな円柱２を例にとって考えてみる（図１参照）．たとえ幾何学的に相似な円柱同士であっても，大きな円柱２は風を受ける面積が大きいため，小さな円柱１よりも大きな抵抗を受ける．

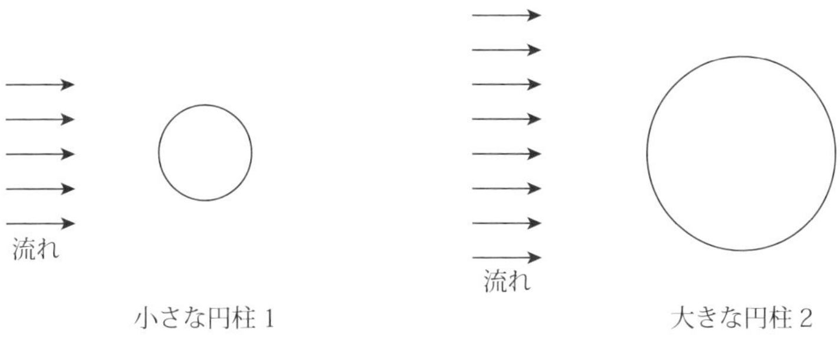

図１　幾何学的に相似な円柱が同じ風速を受ける場合

また，小さな円柱１だけを考えても，流れの速度Vが大きい場合と小さい場合を比べれば，流れの速度Vが大きいほど，円柱は流れから大き

な抵抗 D を受ける．このように，幾何学的に相似な形状をもつ物体同士であっても，物体の大きさや受ける流れの速度 V によって抵抗 D の大きさは変わる．それでは不便なので，抵抗の単位をなくした抵抗係数 C_{D} というものを導入する．抵抗係数を使うことによって，幾何学的形状のみに依存した値を得ることができる（このトピックの答えになってしまうが，円柱ならば $C_{\mathrm{D}}=1.17$，正方形柱ならば $C_{\mathrm{D}}=2.1$ という具合である）．抵抗の単位は [N]（ニュートンという）なので，単位をなくすためには抵抗 D を [N] の単位をもつ"何か"で割らなくてはならない．流体力学では，この [N] の単位をもつ何かとして，物体が流れから及ぼされる圧力（動圧という）$(1/2)\rho V^2$ [Pa]（＝[N/m^2]：単位面積に働く力）に物体が流れを受ける面積（投影面積という）A [m^2] を掛けたものを用いる．ただし，ρ は流体の密度 [kg/m^3] である．

$$C_{\mathrm{D}} = \frac{D}{\frac{1}{2}\rho V^2 A} \tag{1}$$

この抵抗係数の値は物体の形状のみによって決まり，実用的な条件のもとでは，物体の大きさや流れの速度には無関係となる．例えば，自動車のパンフレットを見れば，諸元に C_{D} 値という欄があり，その自動車の抵抗係数の値が記載されている．具体的な空気抵抗 D の値を知りたければ，空気の密度 ρ，走行速度 V，自動車の投影面積 A の値を式(1)に代入することにより，$D=(1/2)\rho V^2 AC_{\mathrm{D}}$ [N] として算出することができる．この式から，抵抗 D は走行速度 V の 2 乗に比例するので，一般道を時速 $V=50$ km で走行しているときに比べて，高速道路をその 2 倍の時速 $V=100$ km で走行する場合には，空気抵抗は 4 倍になることがわかる．

以上から，種々な形状をした物体の抵抗を比較するときには，抵抗係数 C_{D} を用いれば良いということがわかった．それでは，物体の形状によって抵抗係数の値はどのように異なるのだろうか？　実は，抵抗係数の値は，流れが物体を過ぎるときに放出される渦と密接な関係がある．図２は，一様な流れが円柱と正方形柱を過ぎるときの様子を計算機を用いてシミュレート（Computational Fluid Dynamics：CFD）した結果である[1)]．これらの結果を比べれば，正方形を過ぎる流れの方が円形を過ぎる流れより，発生する渦が大きく，それらの幅も拡がっていることが見て取れる．このようになるのは，正方形の前面に衝突した流れが前端の角部で正方形の壁面に沿って直角に曲がれず，角部からはがれてしまい（はく離という），それによって強い渦が形成されるためである．その結果，正方形柱は円柱よりも大きな空気抵抗を受けることになる．これまでに様々な形状の物体に対して抵抗係数の値は調べられており，表１のようになる[2)]．

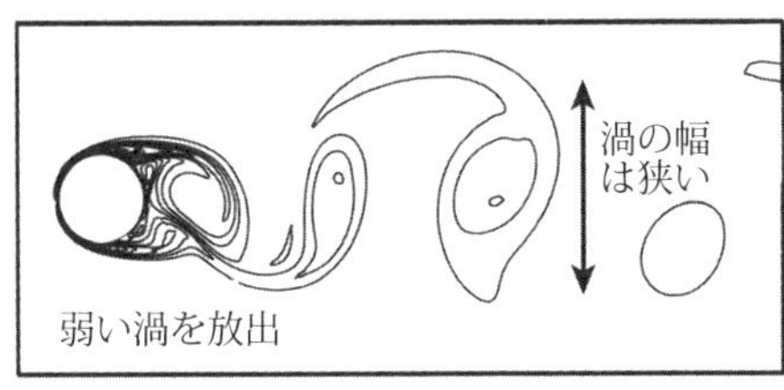

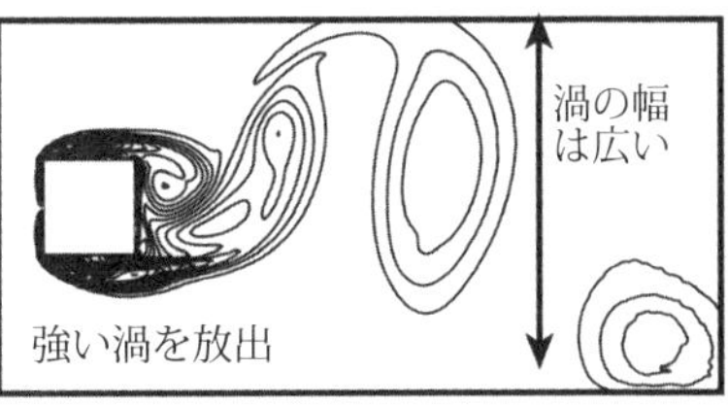

図２　円柱を過ぎる流れと正方形柱を過ぎる流れ（渦度ωの等値線）

表１　抵抗係数の例[2)]

物体形状	抵抗係数（C_D）	レイノルズ数（Re）
円柱　→○	1.17	$10^3 \sim 10^5$
正方形柱　→□	2.1	$> 10^4$
楕円柱（縦横比 1：2）→⬭	0.6	$10^4 \sim 10^5$
半円筒（凹面）→)	2.3	$> 10^4$
半円筒（凸面）→ (	1.2	$> 10^4$

レイノルズ数は，流れが層流か乱流かを示すために用いられる無次元数であり，表中の範囲では乱流である．

以上から，円柱と正方形柱を比べれば，正方形柱の方が流体から受ける抵抗は大きくなることがわかった．しかし，興味深いことに，正方形柱の前端の角部を少しだけ切り落とせば，円柱の抵抗係数より小さくなることが知られている．図 3 は，正方形柱の前端角部を縦 10 %，横 20 %の比率で切り落とした場合の数値シミュレーション結果になる[1)]．前端角部を切り落とすことによって，角部 C および角部 D からはく離した流れが，正方形柱の側面（面 A-H および面 F-G）に再び付着し，側面に沿って滑らかに後方へ流れていくため，生成される渦の強さが小さくなり，さらに渦列の幅も狭くなる．それによって，この正方形柱の抵抗係数は円柱の場合よりも小さくなり，$C_D = 0.8$ にまで下がることが知られている．意外なことに，正方形柱の角部を円形に丸めるよりも，図 3 のように切り落とす方が抵抗係数は下がる．これも生成される渦のパターンから説明できる．このような抵抗軽減のために矩形柱の角部を切り落とすことは，明石海峡大橋の主塔などでも見られる（図 4 参照）．（流体力学の実用的応用）

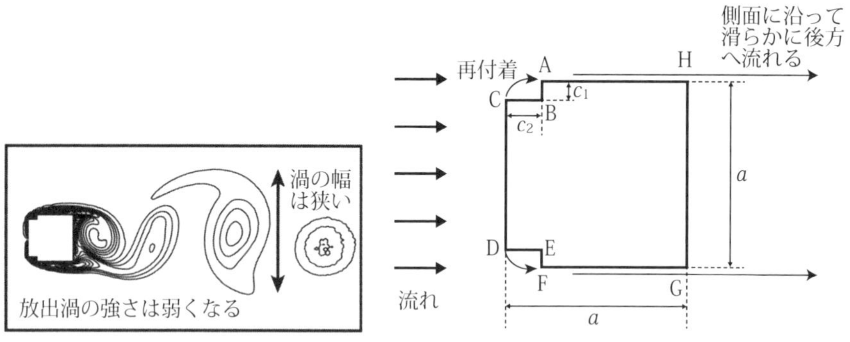

図 3　正方形柱の前端角部を切り落とした場合の流れの様子
（正方形柱の前端角部を $c_1/a = 0.1$，$c_2/a = 0.2$ の比率で切り落とした場合）

図４　明石海峡大橋の主塔（角部に切り落としが設けられている）

参考文献

1） Ueda, Y., Kurata, M., Kida, T. & Iguchi, M. : "Visualization of flow past a square prism with cut-corners at the front-edge," Journal of Visualization, vol.12, (2009), pp.383-391.

2） 牛山泉：風車工学入門（第２版），森北出版，（2013）.

【関連トピックス】

基礎編 14，発展編 4，発展編 9，発展編 17

部屋を換気するのに，効果的な方法はあるの？

部屋を効果的に換気する方法はあるのでしょうか？

換気には，部屋を抜ける風の通り道を考えることが大切だよ．

さらに解説

物理で物体の運動を学習したとき，ニュートンの運動の三法則を学んだが，それ以外の法則なども含めてニュートン力学体系となっている．そのほかの法則の中に保存則がある．一般的な生活の範囲内では，物質が突然消滅や生成をすることはない．この化学の分野の「質量保存の法則」と同じ考え方を流体の流れに適用した「連続の式」と呼ばれる関係式がある．連続の式は一本の円管の中を流れる空気や水などの「流体」を考えるとわかりやすい（図1）．例えば，空気の特徴の一つは圧縮性であるが，速度 v が音速（約340 m/s）の30 %よりも遅い速度（$v < 100$ m/s）で穏やかに流れるとき，空気は非圧縮として扱って問題はない．非圧縮であれば，円管の入口から中に入ろうとする流体は，円管内にある流体が出口から出ていかない限りは入ることはできない．すなわち，一定の時間内に円管の入口から入ってくる空気の質量と出口から出て行く質量は等しくなる（図1(a)）．これが連続の式の意味するところである．空気が圧縮される場合には，入ってきた空気の一部は円管の中で圧縮されて貯まっていく．したがって，一定の時間内に入口から入ってくる空気の質量は円管の中

で貯まっていく質量と出口から出ていく質量を足したものに等しくなる（図 1(b)）．なお，圧縮性とは圧力によって流体の体積が変化する性質である．風船や紙玉鉄砲などの昔からある玩具では，水に比べて空気は圧縮されることを体感できる．

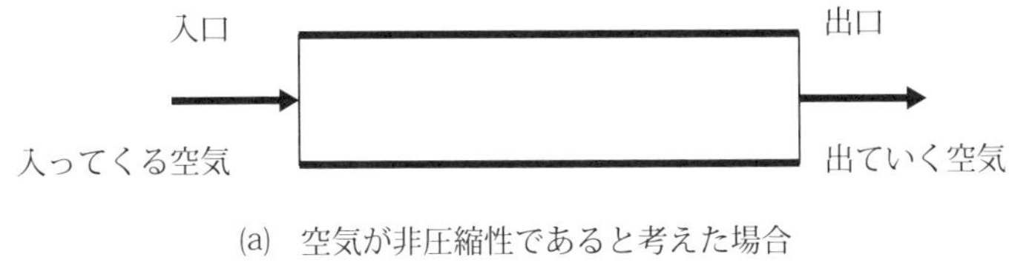

(a)　空気が非圧縮性であると考えた場合

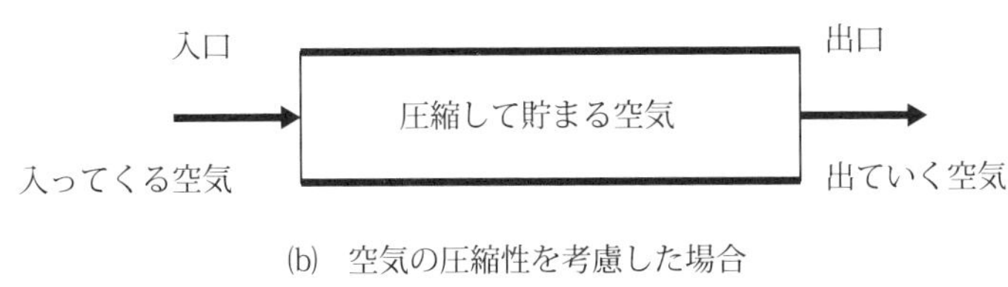

(b)　空気の圧縮性を考慮した場合

図 1　連続の式の説明（円管内の空気の流れ）

このような考え方は，人の流れに関する現象の予測や，高速道路の自動車など交通量の予測などで応用されている．

静止している流体が動くためには外力が必要である．図 2 に示すように静止した空気の入っている円管の入口と出口で急に圧力差Δp（$= p_1 - p_2$）が生じたとき，円管内の流体は圧力差に応じた力，すなわち圧力差に円管の断面積を乗じた力Fを受ける．この力によって流体は加速し，速度vを得る．動き始めた流体は，壁面で速度差に比例する摩擦力F_τを受ける．速度vが大きくなると，その力F_τはやがて圧力差による力Fとつり合い，一定速度で運動する定常状態に達する．

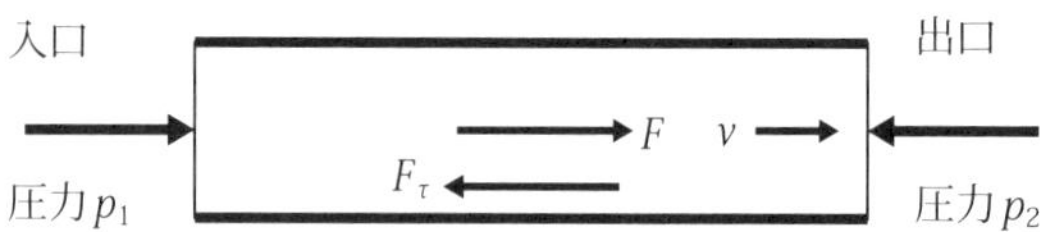

図2　入口と出口の圧力差Δp（＝p_1 − p_2）によって生じる円管内の流れ

さてここまでの話で，換気とは部屋の中を通り抜ける空気の流れであると理解できたであろう．したがって，効果的に換気を行うためには，より大きな駆動力を用い，摩擦などの損失をできるだけ小さくすることがポイントであることがわかる．

空気を駆動する方法には，強制換気と自然換気がある．前者は，換気扇などの機械を用いる．その性能は工業的に仕様として与えられているので，家庭用なら機器の仕様ラベルなどを参考にすればよい．後者は，自然風による圧力差を利用する．この場合，強制換気よりも知識が必要になる．部屋を包含する建物周辺の流れまで考慮し，空気がどのような流れになっているかを把握する必要がある．

建物の形状が円筒形であって，一様な流れの風が吹いてくる場合を考えてみよう（図3：円筒形の建物は紙面に対して垂直に置かれている）．一様流れとは，風の速度（速さと方向）がどの場所においても同じ流れのことである．円筒形の建物の場合，図3(a)に示すように上流側の点Aで圧力が最も高くなり，側方の点Bで最も圧力が低くなる．後流側でははく離が生じているので，点Cの圧力はそれほど低くはならない．したがって，最も大きな圧力差が得られるのは，図3(b)に示すように上流と側方の位置にある窓を開けたときである．建物が立方体や直方体形状の場合には，風向きによって表面の圧力分布も複雑になるので，ここでは省略する．

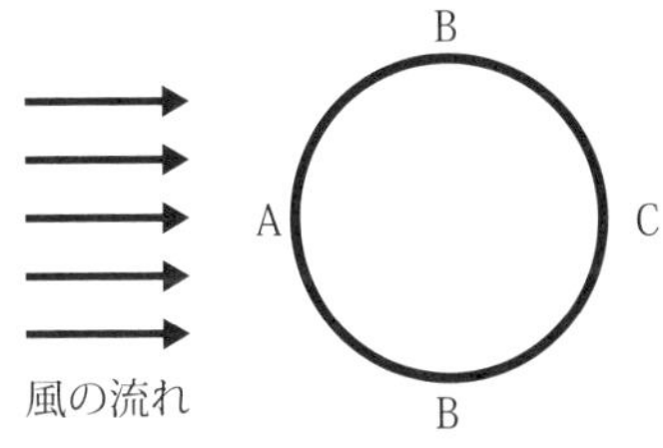

(a) 流れの中に垂直に置かれた円筒形建物のまわりの圧力（点 A での圧力が最高，点 B での圧力が最低）

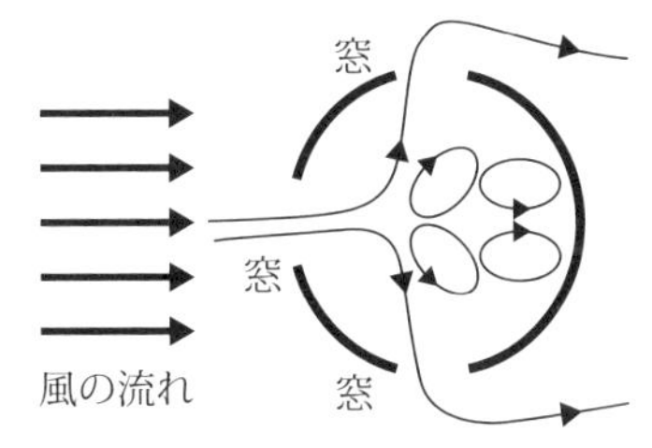

(b) 円筒形建物の窓を開けた場合の建物内部の流れ

図 3　流れの中に垂直に置かれた円筒形建物のまわりの圧力と建物内部の空気の流れ

連続の式を踏まえ，部屋の換気に必要な流路を考える．定まった形をもたない流体は，集団として運動するとともに，個々の流体の領域が自由に変形する特徴をもっている．このとき，全体が平均的に移動していたとしても，その集団の中で流体相互の運動方向が異なっていると，相互の摩擦が生じる．例えば，鳴門海峡の潮流を観察すれば，大きな渦のまわりにはそれよりも小さな様々な大きさの渦（乱れ）が含まれていることがわかるだろう．

まっすぐな部屋を空気が同じ方向に運動して通り抜けるときは，流体相互の干渉はほとんどないために，壁面との摩擦だけが重要になる．しかし，流れの中に乱れがあると，運動する流体内部でも干渉が生じ，摩擦が発生してしまう．したがって，そこでエネルギーが失われ，損失が発生することになる．損失はエネルギーであるから，換気のための空気を動かす動力をそこで浪費してしまい，結果的には換気の妨げになる．乱れは，室内に家具やインテリアなどの障害物があっても生じる．流体が慣性運動していない，流路（部屋）が曲がっている，なども その要因になる．

戸建て住宅などでは，窓のそばに換気扇があることが多いようである．しかし，部屋を横断する流れを考えれば，換気すなわち窓を開ける，ではないことが予想できるであろう．部屋の空気を効果的に換気するためには，換気扇から最も遠い開口部を開放することで，空気の流れを部屋全体にわたって誘起できる（図 4(a)）．逆に換気扇の下の窓を開けた場合，空気は最も流れやすい経路をとるため，たとえ反対側のドアも同時に開けたとしても，窓から換気扇への流れが最も強く（図 4(b)），それ以外は流れがよどんでしまい換気効果を妨げてしまう．

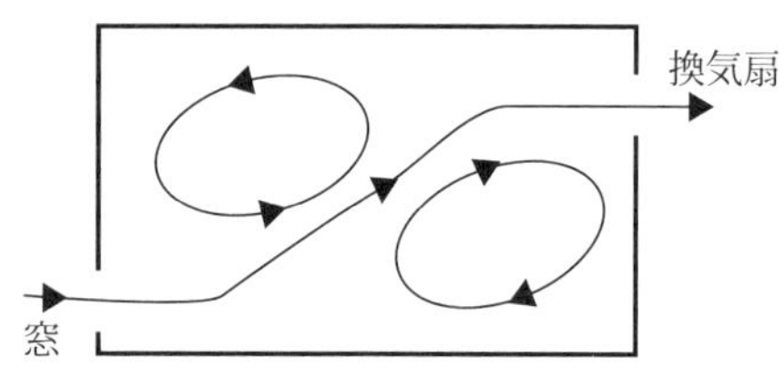

(a) 換気扇から最も遠い窓を開けた場合

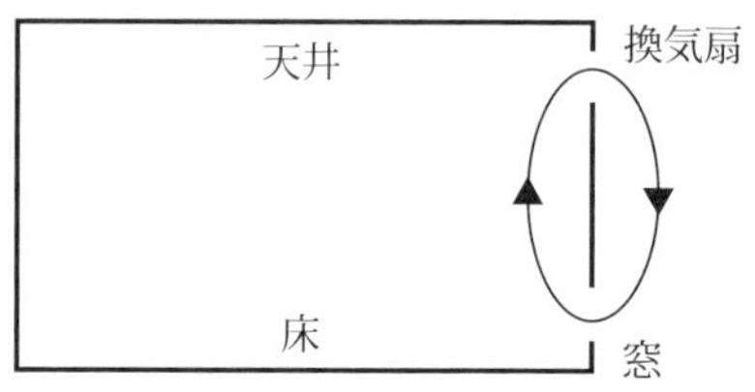

(b) 換気扇の下の窓を開けた場合

図 4　換気扇と窓の位置が部屋の空気の流れに及ぼす影響

ちなみに，ウイルスなどによる感染防止，空気を入れ換える換気と，浴室壁面の湿気を取る換気では，少し目的が異なるので，換気方法も少し変わってくる，という観点で新たな換気方法を考えてみるのもトレーニングには良いかもしれない．

ヨットはなぜ風上に向かって動けるの？

ヨットが風下に流されずに風上に向かって進めるのはどうしてですか？

それこそが流体工学の恩恵なんだね．水と空気の両方をうまく利用しているのだよ．

さらに解説

風が吹くと，ものはみんな風下に飛んでいく．世間の常識ではそれは当たり前だろう．しかし，きちんと観測すれば，まっすぐ一直線に風下に飛んでいくものは限られており，ジグザグやらせん，そういう運動が組み合わさった軌道を描いていることがわかる．これは，一様な風を受ける物体には，流れ方向の力「抗力（抵抗）」と流れ方向に直行する力「揚力（あるいは横力）」の二つの種類の力が発生していることによる．

もしも物体に抗力のみが作用すると，その物体はまっすぐ下流に向かって運動する．しかし，物体の形状を鳥の翼のように工夫してやると，揚力の方向が風上を向くようにすることも可能である．ヨットに代表される帆船を見るとき，つい帆に目が行きがちであるが，帆船には，図１に示すように普通では見ることのない船の底にも翼や翼機能を果たすものがある．ヨットに代表される帆船が風上側へも進むことが可能なのは，風の力で進もうとする帆と，その帆を風下に吹き長そうとする力を水中で打ち消すセンターボード（またはキール）の組み合わせによるものである．帆は，船が前に進むことによって，風の速度と船の速度の合成速度の風（相対風速）を受ける．この風は一般に方向が変化して速さは大きくなる．風速が大きくなると，その２乗の大きさの力を得ることができるので，とてもパワフルになる．このからくりは限られた紙面で説明するには非常に複雑で難しいので，興味のある人は最近日本実験力学会のSDGs特集号に掲載された解説記事[1)]や動画サイトを参照されたい．例えば，現在のヨットのアメリカカップではAC75型ヨット本体は空中に浮いていて，舵に相当する部分（水中翼）のみが水中に没している．加えて，時速70 kmで勝負が行われていることなどが興味深く述べられている．

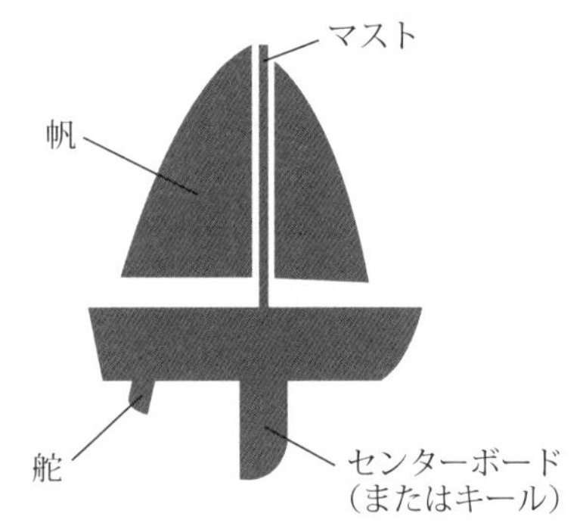

図１　帆船の基本

参考文献

1）中嶋智也：帆船の運動の基本機構および現状技術と持続可能な開発，日本実験力学会，23巻1号，(2023)，pp.15-21.

【関連トピックス】

基礎編13，発展編16

血圧の単位ってどういうものが使われているの？

血圧の単位，mmHg ってどういう意味ですか？

最近では気圧をはじめとする圧力の単位は Pa（パスカル）を使うのが一般的だけど，心臓が血液を送るときに，血管に作用する圧力，すなわち血圧では，昔から mmHg（ミリメートルエイチジー）という単位を使っているよ．

さらに解説

圧力とは，単位面積当たりに作用する力のことをいい，式で表すと $p=F/A$ となる．ここで，A は面積，F は力である．面積が 1 m^2 の平面に 1 N の力が作用する場合の圧力 p を 1 Pa とする．圧力は昔からマノメータ（水柱計）という測定器を用いて測定されてきた．簡単なマノメータのイメージを図 1 に示す．この図では，大気圧を測定している．液体を満たした容器の中にガラス管を挿して，上側の空気を抜いて真空にする．すると，ガラス管の中を容器中の液体が上がってくる．これはなぜかというと，容器の中の液体の表面には大気圧と呼ばれる地球上の空気の重さによる圧力が作用しており，この圧力によっ

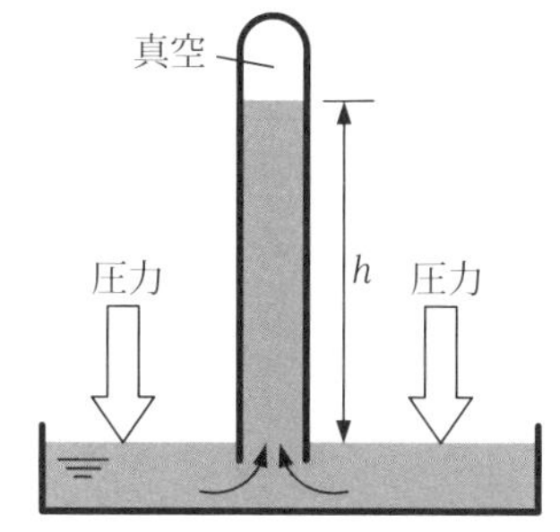

図 1　マノメータ概略図

て押されて液体が上がってきて，大気圧とつり合ったところで止まる．大気圧が1気圧のとき，どこまで上がってくるかというと，液体が水の場合，1気圧下では h＝10.3 m である．そこで，1気圧を 10.3 mH_2O と表す．H_2O とは水のことである．水の代わりに水銀（元素記号は Hg）を用いるとどうなるであろうか．結果を述べると 760 mm だけ上がってくる．水の場合にならって1気圧を 760 mmHg と表す．水銀マノメータを用いて測定した圧力が 380 mmHg であれば，0.5 気圧ということになる．

圧力の単位として mH_2O ではなく，mmHg が用いられるようになった理由であるが，水だと測定用の管路が長くなりすぎるからである．1気圧の圧力を測ろうとすれば，水の高さは 10.3 m になり，ビルの高さでいうと，およそ3階分の高さに相当する．そこで考え出されたのが水銀を使う案である．図1のガラス管の横断面積を A とすれば，ガラス管内の容器水面と同じ高さの位置に働く鉛直方向の力は $F = mg = \rho Vg = \rho Ahg$ となる．静止した液体の場合，同じ高さの圧力は等しいので，水面が受ける大気圧もこの圧力と等しい．したがって，圧力は $p = F/A = \rho Ahg/A = \rho gh$ と表される．ここで，V は液柱の体積，g は重力加速度である．1気圧は 101.3 kPa であるから，水の密度を 1000 kg/m^3，重力加速度を 9.8 m/s^2 とすれば，h＝10.3 m になることがわかる．また，g は一定であるから（正確には場所によって異なる），ρ すなわちマノメータ内の液体の密度が大きければ，h は小さくなる．そこで，液体の中で密度が 13600 kg/m^3 と非常に大きな水銀が選ばれた次第である．水銀は昔から工業分野で広く使われており（今は，環境負荷の大きさから一部を除いて使われていない），その密度は水の 13.6 倍である．よって，10.3 m の 1/13.6 は 0.76 m＝760 mm ということになる．このような理由により，以前は圧力の単位に水柱や水銀柱の高さを基にした mH_2O や

mmHgなどが一般的に使われていた．現在では，世界的に圧力の単位はすべてPa（パスカル）で基本的には統一されている．ただし，過去の経緯を踏まえて一部の分野においてはPa以外の単位も使われている．その一つが医療の分野であり，血圧の測定にはいまだにmmHgが使われている[1)]．医療現場において古くから使われてきた水銀血圧計を図2に示す．水銀の入ったガラス管の側面には目盛が刻まれており，水銀の上がる高さを読み取ることで圧力（血圧）を測定する．現在では血圧計はほとんど電子化されているはずであるが，病院によってはこのような古風な水銀血圧計がいまだに置いてあるところもあるかもしれない．

また，そのほかの圧力の単位として kgf/cm^2 という単位がある．身近なところでは自動車やオートバイの空気圧の単位としていまだに用いられている場合がある．1 kgf/cm^2 は 1 cm^2 の面に 1 kg の重りを乗せたことに相当する圧力という意味である．したがって，1 Pa（パスカル）といえば直感的にわかりにくいが，1 mmHgや 1 kgf/cm^2 はどれくらいの圧力か，原理を知っていればとても直感的にわかりやすい表現となっている．そのあたりも，いまだに古い単位が使われている理由だと思われる．

余談であるが，大気圧はマノメータでおよそ10.3 mであると述べたが，それに関するおもしろい実験が思い浮かぶ．容器に水を満たし，校舎の10.3 mよりも高い階からホースを垂らして吸ってみよう．さて，水は口に届くであろうか．我こそはという肺活量自慢の人に頑張ってもらおう．答えはNoである．ホースで吸うという行為はマノメータによる圧力測定と同じことをしている．したがって，どれだけ頑張って吸ってみても，1気圧下では10.3 mの高さを超えることはありえない．もちろん，実際に10.3 mまでを吸い上げるには，口やホースの中を真空にする必要があるので，それは無理な話である．真空に近づくとホースがつぶれてしまい，吸うことができなくなる．せいぜい吸うことができても10.3 mの半分程度であろうか？　機会があれば，十分に安全に配慮し，くれぐれも怪我などには気をつけて，楽しく実験してもらえれば，大気圧やマノメータが実感してもらえるかと思う．

図2　水銀血圧計

参考文献

1）経済産業省ホームページ，用途を限定する非 SI 単位：
https://www.meti.go.jp/policy/economy/hyojun/techno_infra/11_images/4.pdf.

【関連トピックス】

基礎編 5，基礎編 10，基礎編 15

索　引

■さ

■ま

■や

■ら

── 著 者 紹 介 ──

編著

井口　学　（いぐち　まなぶ）　北海道大学　名誉教授

植田　芳昭　（うえだ　よしあき）　摂南大学理工学部機械工学科　教授

植村　知正　（うえむら　ともまさ）　関西大学　名誉教授

著

加藤　健司　（かとう　けんじ）　大阪公立大学　名誉教授

脇本　辰郎　（わきもと　たつろう）　大阪公立大学工学部機械工学科　教授

荒賀　浩一　（あらが　こういち）　近畿大学工業高等専門学校　総合システム工学科機械システムコース　教授

中嶋　智也　（なかじま　ともや）　大阪公立大学工学部機械工学科　専任講師

そうだったのか！　身のまわりの流れ

2024年6月　7日　　第1版第1刷発行

編　著　井口（いぐち）　学（まなぶ）
植田（うえだ）　芳昭（よしあき）
植村（うえむら）　知正（ともまさ）

発行者　田中　聡

発行所
株式会社　電　気　書　院
ホームページ　www.denkishoin.co.jp
（振替口座　00190-5-18837）
〒101-0051　東京都千代田区神田神保町1-3ミヤタビル2F
電話（03）5259-9160／FAX（03）5259-9162

印刷　中央精版印刷株式会社　DTP　Mayumi Yanagihara
Printed in Japan／ISBN978-4-485-30268-2

書籍の正誤について

万一，内容に誤りと思われる箇所がございましたら，以下の方法でご確認いただきますようお願いいたします．

なお，正誤のお問合せ以外の書籍の内容に関する解説や受験指導などは**行っておりません**．このようなお問合せにつきましては，お答えいたしかねますので，予めご了承ください．

正誤表の確認方法

最新の正誤表は，弊社Webページに掲載しております．「キーワード検索」などを用いて，書籍詳細ページをご覧ください．
正誤表があるものに関しましては，書影の下の方に正誤表をダウンロードできるリンクが表示されます．表示されないものに関しましては，正誤表がございません．

弊社Webページアドレス
https://www.denkishoin.co.jp/

正誤のお問合せ方法

正誤表がない場合，あるいは当該箇所が掲載されていない場合は，書名，版刷，発行年月日，お客様のお名前，ご連絡先を明記の上，具体的な記載場所とお問合せの内容を添えて，下記のいずれかの方法でお問合せください．
回答まで，時間がかかる場合もございますので，予めご了承ください．

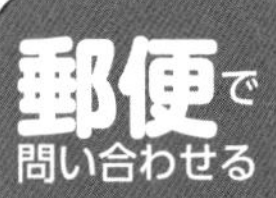

郵送先　〒101-0051
東京都千代田区神田神保町1-3
ミヤタビル2F
㈱電気書院　出版部　正誤問合せ係

ファクス番号　**03-5259-9162**

弊社Webページ右上の「**お問い合わせ**」から
https://www.denkishoin.co.jp/

お電話でのお問合せは，承れません

(2021年6月現在)